修订版

Succulent plants

玩转多肉植物

林中正 罗骏 陈洲 刘洋 赵斌 孙浩 ◎ 编著

湖南科学技术出版社

图书在版编目（CIP）数据

玩转多肉植物 / 林中正等编著. -- 修订本. -- 长沙 : 湖南科学技术出版社，2017.1
ISBN 978-7-5357-9097-2

Ⅰ．①玩… Ⅱ．①林… Ⅲ．①多浆植物－观赏园艺 Ⅳ．①S682.33

中国版本图书馆 CIP 数据核字(2016)第 241510 号

玩转多肉植物
WAN ZHUAN DUO ROU ZHIWU

编　著：林中正　罗　骏　陈　洲　刘　洋　赵　斌　孙　浩
责任编辑：杨　旻　周　洋　李　霞
出版发行：湖南科学技术出版社
社　　址：长沙市湘雅路 276 号
　　　　　http://www.hnstp.com
湖南科学技术出版社天猫旗舰店网址：
　　　　　http://hnkjcbs.tmall.com
邮购联系：本社直销科 0731-84375808
印　　刷：长沙市精美彩色印刷有限公司
　　　　　（印装质量问题请直接与本厂联系）
厂　　址：长沙市开福区新码头（100 号）048-049 号第 5 栋
邮　　编：410008
版　　次：2017 年 1 月第 1 版第 1 次
开　　本：710mm×1000mm　1/16
印　　张：9.5
书　　号：ISBN 978-7-5357-9097-2
定　　价：38.00 元

继续玩多肉吧

——玩多肉是一件简单而幸福的事

有人说幸福就是清晨的第一缕阳光洒进窗台，开始新一天的生活。然而我每天清晨睁开眼睛，第一个要做的决定却是："掀开被子起床？还是再睡五分钟呢？"其实只要你觉得幸福，再懒懒散散地睡五分钟又如何呢，哈哈哈，说笑了。

"懂得享受生活的过程，人生才会更有乐趣。"有人喜欢玩车，有人喜欢养狗，如今多肉植物也被年轻一代当成宠物玩。玩多肉看着挺难，其实也简单。你要到花卉市场或多肉大棚里挑选自己喜欢的多肉，要了解栽培的方法，要研究如何养出美美的颜色。从买普货开始，等你入了坑，你就会慢慢发现自己有了收集品种的欲望，便越买越多，越买越贵。最后的最后，你的阳台很可能就被许多萌萌的多肉给霸占了。然后，当清晨的第一缕阳光洒进阳台，你便会一边刷牙，一边观察阳台上多肉的生长状况，她们绚烂的色彩、萌萌的姿态映入眼帘，一天的好心情就这样开始了。有时想想，这何尝不是一种幸福。

2013年，本书的一位作者刘洋，联合了几位好友在长沙开了一家多肉大棚——壹馨壹多肉大棚。2015年，在刘洋的倡导下，成立了湖南省长沙市仙人掌与多肉植物协会，并在当年上海国际多肉植物展中，以协会名义送展"实生曲水之宴锦系列"，获得银奖。本书另外两位作者赵斌和陈洲也在长沙开了一家名叫"博誉"的多肉大棚。欢迎在长沙或来长沙玩的朋友，有空去他们两家大棚看看。此外，还有一位作者孙浩在淮安有专门栽培番杏科的多肉大棚，淘宝网店名称为"大众生石花"，也欢迎大家去"剁手"。

现在言归正传，关于本次的修订版，最大的特点是增加了番杏科多肉植物这个章节，这部分邀请了我的同事、生石花资深玩家孙浩执笔撰写，主要介绍了番杏科多肉植物的分类，着重介绍了生石花属的相关品种，以及番杏科多肉植物的选购及栽培方法。景天科及其他部分主要由我和刘洋、赵斌来完成，修订版在原有的基础上增加了许多热门的品种，同时以专题的形式对东云系、十二星座多肉、多肉植物杂交等进行了介绍。陈洲、罗骏分别对十二卷属部分和基础种植养护部分在原有的基础上进行了修订，这两部分变动不大。至于最后的多肉组合部分，由我们大家共同完成，其中组合拼盘实例做了较大的调整。

在此，要继续感谢湖南科学技术出版社蜗牛图书编辑组的成员们，因为你们的策划和辛勤的工作，这本书才能顺利地进行修订和再版，从而最终能到达读者的手中。

最后，还要感谢广大的多肉爱好者和读者们，因为你们对多肉植物这种地球上超萌超奇特的生物的热爱，让我们更加体会到玩多肉真的是一件简单而幸福的事。

林中正

蜗牛图书
Snail Book

慢生活·慢阅读

让每个人的窗台上都有一个多肉植物梦想。

目录CONTENTS

第四章
玩转景天科及其他

第五章
打造趣味十足的多肉组合

第二章 玩转多肉植物的十大关键词

多肉植物因其叶片肥厚多汁，造型变化万千，颜色绚丽多彩，被广大花友所喜爱。它们通常也被称作"懒人植物"，有些人认为只要少浇水就可以让多肉植物一直保持"美貌"，其实不然。

1. 购买：季节、品相都要挑

一般来说，推荐新手在春、秋、冬三季购买，因为夏季天气炎热，是大多数多肉植物的休眠季，这一时期的多肉植物会停止生长，养护难度最大。由于我国南北方气候差异很大，这里所指的三季只是广义上的三季，实际上只要气温在5℃~28℃之间，都适合购买多肉植物。无论是在花市还是网上购买多肉植物，都要尽量选择株形饱满、叶片厚实、没有病虫害的健康植株。有很多商家出售的是无根的多肉植物，这不是个很大的问题，因为大多数多肉植物都可以采取扦插的方式生根繁殖。当然，我们建议还是首选根系较发达的植株。

（本页组图及右页上图）多肉植物大棚

2. 盆器：因材制宜

种植多肉植物的盆器选择没有太多的局限，一般来说只要是有底孔的盆器都可以。当然一些摆放于室内做装饰用的盆器为方便打理也会选择不打孔，以这种方式养护的多肉植物在浇水时要进行严格控制，才能够让它们正常生长。目前市场上用于栽培多肉植物的盆器一般有紫砂盆、红陶盆、瓦盆、瓷盆、塑料盆、木盆等。不同材质的盆器，需综合考虑栽培的环境，适当调整植料比例。

紫砂盆较为厚重，造型古朴素雅，透气性介于瓦盆和瓷盆之间，属于透气性和保水性都适中的盆器，适合进行少量种植、精品种植的花友。选购紫砂盆时要注意看盆壁的厚薄，盆壁越薄透气性越好。

红陶盆、瓦盆主要的优点是透气性、透水性好，让花友不用担心植物烂根的问题，而且价格也不贵，只是栽种时间长了，盆壁上容易产生盐碱、青苔。陶瓦盆应注意植料的保水性或增加浇水量，否则因盆器材质的透水性强，或植料易干而影响植株长势。

瓷盆一般外形美观，是很多初学者最爱选择的容器，但是其透气性、透水性较差，价格较高。

塑料盆比较轻便，体积小，价格便宜，深色盆可吸热创造温差，但透气性不好，易老化，适合种植数量大和种植场地有限的花友。

木盆使用得不太多，大家通常认为它容易发霉。当然如果多

（上图）红陶盆

晒太阳、少浇水，木盆就不会那么容易发霉了。

除了以上介绍的盆器，目前比较流行的还有自制花盆。我们可以利用身边的一些材料来制作花盆，也会别有一番风味。

另外，在花盆大小、深浅的选择上也要注意，要根据植物的根系发达程度来选择，如仙人球、十二卷、龙舌兰等根系发达的品种宜用深盆，而景天科、番杏科、萝藦科等根系不发达的品种宜用浅盆。

（左页上图）塑料盆
（左页下图）陶瓷盆
（本页左图）瓦盆
（本页右图）木盆

3. 修根：留主根、去须根

　　无论在花市还是网上购买，裸根多肉植物都宜进行修根处理。多肉植物和一般绿植的本质区别就是不怕动根，反而需要适当地动根。修根的好处是可以检查根系的生长情况，及时发现并去除根系上可能存在的虫卵，去除老根，萌发新根，促进生长。

　　如何修根？一般来说，将干枯老化的须根全部剪去，只留下健壮的主根，一般留两厘米长即可。修根之后，需放在阴凉通风处晾一至两天，当然多晾两天也无妨。晾根的目的是让伤口愈合，以免种下后感染。很多玩家喜欢将修根后的植株放置在土面，等待发新根后再种植，这样更加保险。

（本页图）修根前
（右页上组图）修根过程
（右页下图）修根后

4.选土：适当保水、透水透气

　　晾根结束后就可以种植了。多肉植物的种植材料非常多，市场上可以买到的植料有：珍珠岩，泥炭土，蛭石，赤玉土，鹿沼土，火山岩，日向石，虹彩石，陶粒等。其实用什么植料并不是绝对的，便于取得才是王道。当然也还需要掌握一个原则：土壤须具有适当的保水性，但又要透水性、透气性好，不易板结。这是因为多肉植物的根系不适合长期处于湿润环境中，保水性太好的土壤不利于根系的呼吸。所以将我们身边随处可以取得的蜂窝煤渣（泡水后过筛，粉尘不要，只取大中颗粒）、粗颗粒的中砂（可用河砂筛选）、泥炭土（花市有卖）等混合就可以组成多肉植物又好又廉价的植料了。一般来说，颗粒植料和泥炭土可以采取一比一的比例配置，用瓷盆种植则煤渣可略多，用陶盆种植则泥炭土可略多。而其他材料只要无毒、不易粉碎，均可作为植料

（组图）
1. 赤玉土　2. 干苔　3. 河沙　4. 火山岩
5. 蛭石　6. 鹿沼土　7. 泥炭土　8. 轻石
9. 珍珠岩

掺在其中。

　　把土配好后加适量的水，拌匀即可。加水量宜少不宜多，要掌握"手抓成团，松手即散"的原则。

　　种植好后，可以进行铺面，也就是选择自己喜欢的材料铺在盆土表面。铺面主要是为了美观，也方便浇水时不至于泥土四溅，比较卫生。我们可以根据自己的喜好选择沙砾、赤玉土或鹿沼土等进行铺面。

　　种好的植物应放在阴凉通风的地方缓盆，过三至五天就可以正常养护了。这段时间切记不要浇水。等到植物开始慢慢恢复生机，可以逐步将植物放到有散射光处（不要直晒），浇透水。之后等到植物开始加快生长，就可以放在阳光直射的环境下养护了。

（本页上图）给多肉植物浇水
（本页下组图）植物一个月不浇水叶片产生褶皱

5.浇水：给水不要太频繁

多肉植物被称为"懒人植物"，主要体现在浇水上。适量浇水可以让植物生长旺盛，过量浇水则有可能将植物淹死。而若较长时间不浇水，多肉植物也不会死亡，只是会因缺水而导致叶片产生褶皱，变得不那么美丽。

一般来说，春季是多肉植物的生长旺季，但是因为春季空气湿度大，浇水的时间反而可以适当延长，一般半个月浇一次水即可。夏季是冬型种多肉植物的休眠季节，需要在遮阴、通风的前提下，减少浇水的次数，一般一周给水一次即可。秋季是多肉植物最美的季节，可以根据种植环境，半个月浇一次水。冬季多肉植物生长缓慢甚至停滞，夏型种可以采取断水处理。追求完美的花友，可以在不断的观察中掌握自养多肉植物的需水量，一般是叶片褶皱出现前两天浇透水比较好。

关于多肉植物的浇灌用水，有条件的花友可以在雨天收集雨水，使用自来水则最好放置一天后再用。

至于浇水最好的时间点，夏、秋季节是傍晚，冬、春季节是早晨。对于多毛、有粉的多肉植物，浇水的时候注意不要让水沾到叶片，会影响美观。而其他的多肉植物若环境通风不佳，也建议尽量不要浇到植株。

（左图）常用浇水工具

6. 光照：阳光充足不徒长

　　大多数多肉植物都是"阳光之子"，喜欢全日照和半日照。缺光的多肉植物会"徒长"（植物瘦弱拔高），影响美观。充足的光照会让植物健康茁壮，充满生机。因多肉植物科属比较多，需光量不同，这里所说情况只针对大多数多肉植物，有一小部分不适合。适当的光照加合适的温差，会让植株变化出绚丽多彩的颜色，让人爱不释手。

（左下图）光照不足植株徒长
（右组图）叶边缘晒伤

（上图）多肉植物肥料

（上组图）介壳虫

7.施肥："薄肥勤施"长得好

多肉植物需肥量不大，一般可于种植前在植料中添加少量腐熟的鸡粪肥、骨粉、鸡蛋壳粉等，或在种植前将上述植料做基肥使用，也可以在种植完成后在植料表面添加缓释颗粒肥。生长季可以在水中加入一些多肉植物专用的液态肥或者自己沤制的饼肥、厨余酵素等。施肥总的原则是"薄肥勤施"。冬型种宜在秋季加肥，夏型种宜在春季加肥。

8.预防病虫害：及时处理很重要

多肉植物容易种养，一般不易生病生虫，但如果出现通风不足、土壤过湿、温度偏高等情况，也会发生病虫害。特别是夏季高温时节，养护环境比较差的话特别容易滋生病虫害，并且高温时节部分多肉植物处于休眠期，抵抗力变弱，容易被病虫害入侵。在夏季容易产生介壳虫、根粉蚧、红蜘蛛等虫害，虫害一般发生在生长点附近、叶片底部、根部。病害以黑腐病为主。以下主要介绍多肉植物常见的病虫害。

介壳虫，是一类营寄生生活的小昆虫，有蜡质介壳，高发期在春、夏两季。由于介壳虫在植株上活动范围小或一直附着在植株上某个位置，所以出现一株植物上布满介壳虫而邻近的植物却一只虫也没有的现象。介壳虫对植物的危害很大，它们吸食茎叶汁液，会导致植株生长不良，并且还会诱发病害，严重时会导致植株枯萎死亡。发现介壳虫时最好及早将植株从土壤中取出，清理干净叶片上和根部的虫子，给植株喷洒蚧必治、护花神等药，然后将植株晾两天左右，之后再给土壤消毒或更换干净土壤。最近有人发现了一种全新的杀虫方法：点一盘蚊香，将整盆植株和蚊香一起放在密封的塑料袋中，用烟熏大约10分钟，可以有效地杀死介壳虫。

根粉蚧生活在植株根部，为乳白色、无介壳的细小昆虫，是在植株根须周围出现的白色棉状物。根粉蚧的出现会导致植株长势衰弱，叶色姜黄，甚至整株枯死。因为根粉蚧生活在根部，发现时应将多肉植物的根部清理干净，特别是白色棉状物多的根系，应该将其全部剪去，喷洒速扑杀、花虫净等药，再将其晾放两天左右，重新栽种时应给土壤消毒或更换干净土壤。

红蜘蛛是红色或红黄色细小蜘蛛，多在夏季高温季节产生，主要危害萝藦科、大戟科、菊科、百合科的多肉植物。红蜘蛛吮吸幼嫩茎叶的汁液，被害植株容易出现黄褐色斑痕或枯黄脱落，这种斑痕永留不褪。发现少量红蜘蛛可以用镊子或牙签剔除，如果植株上有大量红蜘蛛应该喷洒克螨特、乐果等药。

黑腐病是由真菌感染引起的，会导致植株叶片褪色并发软变糊，在植株上蔓延得很快。黑腐病在高温高湿的环境中容易爆发，夏末是高发期。多肉植物在黑腐病发病初期通过各种方法处理还是能挽救的，但如果茎的大部分被感染后，就基本属于"疾病晚期"了，所以在夏季应该经常仔细检查植株。控制黑腐病主要以预防为主，在夏季高温时节应将处于休眠期的多肉植物放在通风、阴凉的环境中，控制浇水。在黑腐病的发现初期，应立即将植株从土壤中拔出，用消毒过的剪刀剪掉腐烂的部分，最好多剪掉一些，剩余的健康部分有可能通过扦插重获新生。

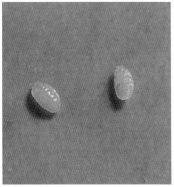

（上组图）根粉虱、蚜虫

9. 繁殖：1盆变10盆

　　除了播种之外，大多数多肉植物还可以采取叶插和枝插的方式进行繁殖，这也是多肉植物与其他大多数植物不同的地方。叶插就是将植物的叶片掰下来，放在稍微有点湿气的土面，大约一周后叶片的根部会长出须根并育出小苗。枝插的难度更低，大多数多肉植物可以采取该方法进行繁殖。枝插是用剪刀剪取一段植株，晾干伤口后，将剪下的部分插在微湿的土壤中放在阴凉地方养护，一般一周内可以长出细根，从而得到一株全新的多肉植物。剪枝后原有的老株会在剪枝的部位不断生出小芽，使整个植株更加饱满，所以多肉植物也是可以通过修剪变成盆景的，修剪下来的枝条则可用于繁殖新的植株，可谓一举两得。

（上图）播种发芽
（下图）生石花播种

（左页下组图）叶插步骤
（本页上图）叶插盆
（本页中图）叶片
（本页下图）枝插

10. 栽培：环境、季节要相宜

春季：多肉植物的生长季，适合购买与换盆。需水量较小，需光量很大，多晒太阳少浇水。

夏季：大多数多肉植物的休眠季，不宜购买与换盆。需要避开中午的烈日照射，少量浇水，通风也很重要。

秋季：多肉植物的生长季，也是最美季，适合购买与换盆。白天与夜晚的温差加大，加上充足的日照，多肉植物开始焕发勃勃生机，红的像火，黄的像玉，粉的像霞，美不胜收。

冬季：多数多肉植物生长缓慢，夏型种进入休眠季，不宜换盆。宜加强光照，控水养护，环境温度不宜长时间低于5℃。

在春、秋两季，推荐有条件的花友将喜光的多肉植物露养。当气温处于5℃~30℃时，植物都可以很好地生长。可以根据各地的降雨情况，再加上观察植物的叶片饱满程度，自由调节浇水的频率。露养加上配备可调节的透明遮雨棚（可调节是指需淋雨时可淋雨，雨量过大时可遮雨）是比较稳妥的一种种植方式。夏季时，可在遮雨棚上加挂遮阳网，其余三季全日照。一个遮雨棚可让你养起多肉植物来更加得心应手。

将多肉植物种植在阳台上的花友，也要尽量将它们放在可以晒到太阳的地方，保证日照充足。阳台是封闭环境的花友最好每天开窗通风，因为不对流的闷热环境不利于土壤的干湿交替，容易使植物不能呼吸，影响品相，甚至导致死亡。

第二章 玩转十二卷

1. 认识十二卷

　　十二卷属又名瓦苇属，是一个深受玩家喜爱、非常经典的多肉植物科属，十二卷属原始种主要分布在南非的亚热带地区，多出现在树下、草丛和石头缝等日照不多的地方。目前市面上的十二卷除了原始种，更多的是人工培育的园艺种。园艺种十二卷最为发达的地区当属日本，其次为欧美地区，其中日本的种植风格偏细腻唯美，欧美的种植风格则偏粗犷强壮。很多十二卷精品品种名字前面都冠有大久保、荻原、青木、贵责等日本十二卷赏玩名家的名字，由此可见日本园艺十二卷的发达程度。现在国内玩家更多地接触到的是日本的园艺种，欧美地区能买到的更多是原始种，其园艺种较日本少，比较经典的欧美系园艺种有硬叶品种天使之泪、毛琳玉扇等。另外，随着国内资深玩家的不断探索和努力，现在国内园艺种十二卷精品也越来越多，一些精品甚至出现在日本的多肉植物购买网站上。下面，我们就来聊一聊十二卷养护的那些事吧。

（左上图）琉璃殿
（左下图）金属乐队（硬叶杂交种）
（右上图）天使之泪
（右中图）浅涧之星
（右下图）冬之星座

2. 十二卷品系成员

　　十二卷简单来说可分为软叶和硬叶（其中硬叶有两个亚属，不过大家经常将其混称为硬叶十二卷）两大类。软叶品种目前更受玩家青睐，硬叶品种就相对冷门了许多。软叶品种中有较多园艺种的是玉露、寿、玉扇和万象四大类。软叶品种的整体株型除玉扇是叶片对生，形如一把扇子外，其他品种多呈莲花状，叶片顶端进化为晶体，形似天窗。其中玉露窗面型似灯泡，既有圆滚滚的，也有尖尖形状的；寿的窗面以三角形居多，但也有一些品种的窗比较接近圆形；玉扇的窗面主要呈长条形，部分品种呈M形；万象的窗面以圆形为主，有些近似三角形或椭圆形。

（下图）玉露HO-1

玉露

姬玉露

性价比之王，价格非常亲民。该品种窗面大且圆润，有少量顶毛，叶脉至窗顶部，易出侧芽，弱光照射呈翠绿色，强光下呈紫红偏褐色，逆光观赏窗面内呈现蓝色。目前市面上的品种有小型种，体形较小巧，单头直径为3~4cm；也有大型种，单头直径可达7~8cm；还有特选的粉玉露，株型和姬玉露相当，只是较易呈现出红色。

白斑玉露

价格低廉的玉露白锦品种，生命力十分强，易出侧芽，此品种需要较好的光照等因素来压低株型，否则极易徒长，一般的阳台环境想控制好其株型实属难事。

紫肌玉露系

紫肌玉露系在市面上有很多品种，如潘氏冰灯、OB-1、特大型紫肌玉露（孔明灯）等。它们的共同特点是窗面大，窗面实物质感比姬玉露更透亮，叶脉不到窗顶部，除了苗期其他时候无顶毛，强光照射极易呈紫红色，不易出侧芽。一般单头直径可达8~10cm，特大型的直径可达12~16cm，是玩家竞相收藏的精品品种。

帝玉露

市面上的杂交种较多，总的特点是窗较姬玉露的大，透亮度却稍差，有顶毛，叶脉到顶，单头直径可到7~10cm。

楼兰玉露

是姬玉露和毛蟹寿杂交选育出的著名园艺种，其窗面在较强光环境下可呈现红色，有毛刺。普通楼兰玉露单叶1cm左右，单头直径6~9cm，大叶楼兰单叶可达2cm，单头直径可达10~12cm。

毛玉露

顾名思义，该品种的窗面布满白色绒毛，性价比较高，也是新手必备的品种之一。但是生长速度较慢，尤其是一些地域原始种，生长速度相当缓慢。

魔王玉露

魔王玉露是一种大型园艺种玉露，窗面呈尖头状，透明度一般，对光照要求较高，株型易散。单叶可达3~4cm，单头直径可达12~14cm。

玉露也有很多著名的斑锦品种，除了前面提到的白斑玉露外，较为有名的玉露锦品种有：姬玉露锦、霓虹灯玉露锦、别系玉露锦、帝玉露锦（该品种并非狄氏玉露的斑锦品种，而是一款三角窗型的玉露锦）、琥珀玉露锦等。这些玉露锦大多价格不菲，且斑锦品种具有不稳定性，玩家可结合自己的经济实力量力而行。

（左上图）帝玉露锦（花水晶玉露锦）
（右上图）琥珀玉露
（左下图）霓虹灯
（左下图）苏州玉露锦

寿

康平系

康平系基本特点为体形大，多有绿色叶脉和白色网纹，窗面较亮，小部分品种有背窗。其中的著名品种有水晶101、网特康平、荻原康平、长寿樱、冷泉、马丽丽、特太线康平等。

克里克特系

克里克特系以美丽的白色纹路著称，玩家喜欢称纹路很好的克里克特为"电路板"，可见其纹路之复杂。原始种克里克特体形较小，窗面为磨砂面，不易出侧芽。经过与其他品系的杂交，现在的克里克特系寿已经出现了大中型品种。其系著名品种有丘比特、大黑天、丸叶克里克特、木叶克里克特、花影、月影、星影、蝶影、阿房宫、光风等。

史扑系

史扑系以极易呈现紫红色为最明显的特征，原始种史扑养护难度较大，生长缓慢。其著名园艺品种有紫的太阳、日月潭、魔界、特网纹史扑。

白银系

白银寿是目前很受追捧的一个系，价格从几十元到上万元不等。除了少数品种，如黄白银，以窗面透亮为主要特点，其他均以具有白银质感为主要观赏点。白银寿生长速度较慢，不易出侧芽。其园艺品种不胜枚举，主要以株型大、叶形饱满（丸叶最佳）、白度高、白银颗粒大为追求目标。其著名园艺品种有桃源乡、桃山、光源氏、银河系、黄乳、骑士团、白雪姬、翡翠、潘多拉、黑缟、真珠等。

青蟹系

青蟹系生长速度比较慢，其园艺品种很多都价格不菲。主要观赏点为叶形宽、窗面美。其著名园艺品种有花葵、贵贵青蟹、吉池大型、筋斗云、雪景色、南非GM系列等。

美吉系

美吉系主要特点是株型较小，窗面大多具麻面质感，白色系多，叶缘有毛刺，且多有斑点状背窗。其著名园艺品种有黑砂糖、雪兔、白银城、梦殿等。

磨面系

顾名思义，该系窗面多为磨砂质感，生长速度也较慢。其著名园艺品种有延城寿、特白城、粉雪、毛立羽等。

玉扇

　　玉扇又名截型十二卷，是十二卷里相对贵族化的品种，大多价格昂贵，除了很普通的品种外，多数价格达到数百至数千元，名品（指由名家杂交培育获得，命名在一定范围内被认可，记录在案的优秀品种）更是达到数万元。赏玩玉扇主要看株型大小与高矮、窗面的长宽度、白纹和绿纹的浓密程度、窗面质感。

（左图）玉扇K11
（右图）荒肌

万象

　　如果说玉扇是十二卷里的贵族，那万象就是十二卷里的皇族，动辄数千、数万元一株的名品和十多万元的大株经常让普通爱好者惊呼。但是随着爱好者队伍的增大以及组培技术在十二卷领域的逐渐推广，名品万象已经离我们不再遥远。万象和玉扇的赏玩标准基本一致，即观型、品纹。

（左图）白瓷
（中图）欧若拉
（右图）紫系

3. 入手十二卷须知

　　十二卷属于冬型种，夏季气温高于30℃即进入休眠状态，冬季气温低于10℃也进入休眠。当然，这只是基本情况，像白银寿、玉扇、万象、硬叶十二卷等品种在环境合适的条件下，气温处在5℃~35℃均会生长。根据十二卷的这种生理特性，按照四季区分购买时机的话，最佳至最差时机依次为：秋、冬、春、夏。一般不推荐新手在晚春至夏末这段时间入手十二卷，推荐深秋至早春入手为宜，这个时间段最有利于十二卷的恢复。

十二卷的品相区分和组培技术

　　十二卷的品相主要看两个方面：一是品种，二是状态。品种方面一般来说，以窗面大（寿的叶形以丸叶为佳）、纹路清晰且复杂为主。少数品种是以完全无纹、窗面透亮为卖点，还有一些有毛刺的品种以毛刺浓密为佳。

（上图）康平锦

　　十二卷还有很大一部分品种是以"锦"为美的。锦，简单地说就是植株的某些部分缺少叶绿素，可以认为是植物的"白化病"。虽说是"病"，但是同一品种得了这种"病"和没得的，往往价格差数十倍甚至上百倍，所以这种"病"可谓真正的"富贵病"。锦化的十二卷按照锦的颜色可分为白锦、黄锦和红锦。白锦和黄锦，顾名思义即斑锦部分的颜色为白色和黄色，红锦则是黄锦在休眠期的色变，在生长期即恢复成黄锦。另外按照锦的分布情况可以分为几个类型：散斑锦、糊斑锦、阴阳锦、少锦、多锦和全锦。

　　散斑锦又被称为"极上斑锦"，从字面即可知道，这种斑锦品种价值非常高，斑锦部分和正常部分交错均匀，植株锦化相对稳定，它是玩家竞相追逐的对象。

　　糊斑锦又被称为"逆斑锦"，即锦化细胞和正常细胞混合到一起。这种植株锦化十分稳定，但其无论顶芽还是自然萌发的侧芽大多是全锦的，且完全糊斑的品种授粉繁殖，将会有很大概率出现全锦苗，所以其欣赏价值远大于繁殖价值，但总的来说还是很受欢迎的斑锦类型。另外特别需要指出的是，很多全锦的苗，在小的时候会在中心生长点表现出类似糊斑的黄绿色质感，有很多卖家当做糊斑苗来卖，这种辨别难度较大，建议没有经验的新手慎重入手所谓的糊斑小苗。

阴阳锦，即植株一侧全锦一侧全绿，这种锦稳定性一般，有小部分玩家追求。

少锦，即植株的斑锦部分很少，这种锦的稳定性较差，但因为价格较低，且有可能繁殖出散斑锦之类斑锦很好的苗子，所以很适合对繁殖有兴趣的玩家入手。

多锦，即锦化部分比正常部分还多出很多，这种锦极易转化为全锦品种，除了对锦十分狂热的爱好者，一般不推荐。

全锦，这种植株经常美到让新手们爱不释手，但所谓红颜薄命，实际上这类斑锦因为完全没有叶绿素的存在，若与母株一起群生，还可以"苟延残喘"，一旦单独种植，那就是死路一条了，这也是最不推荐入手的一种斑锦类型。

品相方面，首先看株型，以紧凑饱满为佳，这表示植物的养护非常成功，植株的健康状况良好。如果是徒长的小苗，只要不是徒长得非常厉害，并严重影响其健康的，都可以购入。中苗和大苗的话，稍有点徒长都是可以纠正的，但如果徒长很厉害的话，那就要有心理准备了，纠正株型会需要很长的时间。其次看窗面的饱满程度，饱满透亮最佳，稍微干瘪也可以接受，如果是非常干瘪的深度休眠植株那就要注意了，因为其恢复需要非常长的一段时间。最后看根系，十二卷的根系非常脆弱，其主根是肉质蓄水根，俗称"大白根"，一般脱盆数日的话，除了粗大健康的主根，其他根系都会干枯掉。因此采购时以有健康大根为最佳，如果缺乏大根甚至是完全没有根系的切苗，只要植物状态好，入手后重新发根也是不错的选择。

关于组培，这是新手最关心的问题之一。组培即组织培养技术，是指在实验室环境下，利用植物细胞的全能性，用植株的小块组织进行大量无性繁殖。通过组培可以用一小块植物繁殖出成千上万株植物，这个技术的发展使得很多高价品种一夜之间成为平价普货。但大家现在对组培技术存在较大争议，支持者和反对者都有理由，我们认为组培技术优缺点都有，主要体现在以下几方面：

(1) 组培对十二卷的基因理论上不会产生影响，但实际在组培过程中因为受到药物刺激，对植物的性状表现还是有影响。影响很大的如早期组培品种鬼岩城和紫禁城，其性状丢失很严重；有的性状有影响但区别不很大，如月光、阿房宫等；还有一些性状变化很小，如日月潭等。很多资深玩家的意见是纹路比较容易受组培影

（上图）万象锦

响，也就是说纹路越复杂的组培品种越容易丢失性状。

(2) 组培技术很重要，技术处理不好的其后代甚至发根都有问题，硬化得好的话组培的苗子还是比较强壮的。

(3) 组培的苗子总体偏弱，尤其是在夏天比非组培的容易倒根，休眠更为彻底。还有很多组培品种有焦尖等缺陷，西山就是典型的例子。

(4) 组培品种的侧芽、叶插苗等应该同样视为组培品种，其性状和缺陷基本与母本一样，只是不存在硬化问题。组培品种授粉繁殖的后代就脱掉了组培帽子，与其他实生植株无异。

(5) 组培过程中可能产生变异，这些是最值得收藏的组培品。如超级绿岛、西瓜寿、裹般若，冰城寿等。

总的来说，我们给新手的意见是：

(1) 非组培品种价格和组培的差不多的话推荐买非组培的。

(2) 组培品质好的可以买，但要正视一个事实就是组培非国内独有，在日本、美国、南非、荷兰等园艺发达国家都有大量组培多肉植物存在。

(3) 无根新出的组培品种强烈不建议买。

(4) 有强迫症，追求极致品相的不建议买组培品种。

（下图）极上斑玉扇锦

4. 养好十二卷也不难

十二卷的肉质根系决定了它们偏爱颗粒型植料，新手往往纠结于使用哪些植料，而资深玩家则往往认为植料需要与环境配合，这使得新手们无所适从。其实我们认为新手的最佳选择是，十二卷苗使用三种以上的颗粒混合再加少量泥炭混入，十二卷成株则使用多种颗粒混合，其中包括颗粒泥炭或者仙土这类含有腐殖质的颗粒。这种的配方既可避免使用单一品种颗粒严重影响植物生长，也能较好地实现透气、蓄水和适根。十二卷可使用的颗粒植料除了上面提到的含有腐殖质的颗粒泥炭和仙土，我们还推荐珍珠岩、兰石、轻石（日向石）、火山岩、赤玉土、植金石、桐生砂、鹿沼土等。泥炭用量建议结合自身环境的通风性，通风越好泥炭量越大，反之越少，建议控制在10%～20%较为安全。推荐使用的泥炭品牌有加拿大发发得、德国维特、德国克莱斯曼和丹麦品氏，品质的话基本就是"一分钱一分货"，大家量力而行即可。

另外，我们不推荐几种植料：树皮、椰糠、细沙、蛭石。树皮和椰糠有机质含量较大，即使是购买所谓发酵过的，往往也很难真正实现完全发酵，这样的植料刚开始种植可能感觉效果很

（上图）人工授粉图
（下图）叶插

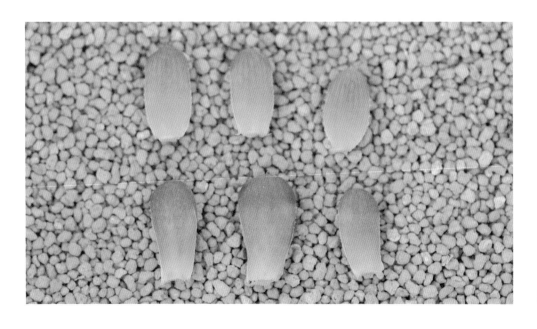

好，但是1~2年后可能会给根系带来极大伤害。细沙和蛭石则如果长时间使用易板结，导致根系不能扎入。

至于盆器，我们推荐使用塑料盆。塑料盆既经济实惠又利于让十二卷品种根系处于一个高湿度环境。当然如果您是陶盆的忠实拥护者，那么您需要更好的条件来创造高温度环境，否则它们会长得比较慢。

关于养护场所，首推是温室和大棚，但是对普通爱好者而言，窗台、阳台和飘窗才是我们的主战场。窗台朝向对十二卷的养护十分重要，我们推荐最佳朝向顺序依次为南、东、北、西，如果南向阳台东西两侧都能采光，那就是仅次于温室、大棚的场所了。

另外，十二卷植株购买后的缓苗工作十分重要，这意味着购入后如何让它们落户安家。玩家们拿到植物后第一步就应该查看根系情况，如果是非常健康的植株，应该有数根粗壮的大白根，可以把须根修剪掉，留下大白根即可（这里要指出的是，不要照搬很多资深玩家给仙人球修根的方法，即将杀菌药粉兑水或酒精后刷满整个根系，这样处理十二卷其根必定枯死，还可能导致整个底座溃烂，可谓事与愿违，本人便有惨痛教训！）。如果根系情况不佳，多黄、弱、枯根，或者只剩下一个黑黑的"屁股"，那么建议选用一把锋利小刀，简单消毒后干净利落地一刀切掉叶子以下的部分，并抹上杀菌药干粉，让其重新发根。修根后的植株建议晾三日至一周后干土上盆，切掉"屁股"的植株建议晾半个月至一个月后干土上盆发根。上盆后的植物建议放在散光环境下，切勿太阳光直射。以植株在发根期间不晒出紫褐色为宜，一旦发现植株变褐，应立即减弱光线。上盆数日后，可以开始给植株浇水，宜沿着盆沿少量给水，在植株有明显的恢复迹象后，可用一次性透明水杯等进行闷养，加快植株的恢复。待植株充分饱满后，可逐步加强光照直至正常养护，切忌突然加强光照，因为强烈的阳光可能"秒杀"你辛勤的劳动成果哦。养护的同时还要注意控制浇水量，如果水浇多了，很可能造成植株徒长哦。

（上组图）砍头繁殖步骤

第三章 玩转番杏科

1.走进番杏世界

　　番杏科植物是一种一年生或多年生草本或矮灌木植物，大部分为多年生植物，主要分布在非洲南部，特别耐干旱，长期不浇水也不会干死，过度潮湿和密闭的环境容易导致烂死。番杏的繁殖以播种为主，很少有扦插的，其生长速度缓慢，播种2~4年后开花，主要在秋季开花，少数品种在夏季和冬季开花，异花授粉后结出种荚。番杏种子非常细小，直径0.5~2毫米，犹如灰尘一样，咳嗽一下都可能将种子吹跑，需要用放大镜才能看清种子的样子。其中，春桃玉属的种子最小，对叶花属种子最大。番杏的种荚很奇特，在遇到水时，种荚会自动打开露出种子，等到种荚干燥以后，种荚会闭合起来保护种子。利用这个特性，收完种荚后，将种荚放入水中，可以洗出种子。番杏种子有后熟期，当年收的种子，需要在第二年播种。否则发芽率低，或发芽期长。浇水的时候，如果种子被冲进土里，温度合适的情况下它会自己发芽长出小苗。目前国内出售番杏种子的网上店铺非常多，购买种子非常容易，从播种到长成成株是一个既漫长又能带来惊喜的过程。

　　一年中，番杏会给人带来两次惊喜。一次是在冬末初春季节，此时正是番杏蜕皮的季节，植株会慢慢变软，在中间产生裂缝，随着时间推移，裂缝会慢慢变大，等到足够大时可以看到里面是否长出了两棵新株体（俗称"爆双"），爆双给人的感觉很美妙。另一次是在秋季，此时是番杏的花季，从花苞在植株中间的裂缝中冒出到绚烂盛开，是非常令人兴奋的一个过程，只有亲历才有此种感觉。

（左上图）风铃玉　　　（右上图）肉锥花
（左下图）生石花群生　（右下图）枝干番杏

2. 番杏家族成员

番杏科是一个大家族，拥有约120个属、2400个品种，这么多的品系我们不可能都见过，很多生僻的品种估计只有在原产地或植物园里面能看到。当然，还是有十几个属广泛流行，也深受大家喜爱，如生石花属、肉锥花属、银叶花属、对叶花属、藻铃玉属、春桃玉属、魔玉属、碧光环属、风铃玉属、天女属等。下面就介绍一些常见和最受大家喜欢的品种。

生石花属

生石花又称屁股花、PP花，因形状酷似石头和屁股而得名，其纹路和颜色比较丰富，各种颜色的生石花种植在一起，像一堆彩色的石头。一般秋季开花，但也有夏季和冬季开花的，如曲玉、荒玉夏季开花，红大内冬季开花。花色以白色和黄色为主，也有金黄色和红色，如朝贡玉开金黄色花，朝贡玉的变种德州玫瑰开红色花。花期1周左右，白天花苞会开放，傍晚花苞会慢慢闭合，等待第二天开放。干燥情况下，冬季可以耐-2℃以上低温，夏季可以耐40℃以上高温。

（左图）荒玉C374　　（右图）荒玉C243

生石花的品种按照科尔编号分类可以分为400多种，命名顺序为"品系名+C+编号"，如红大内C081A。C后面的编号是按照其自然发现地进行编号标注的。对于初学者来说，可以先记住编号前面的品系名字，等慢慢入门后再按编号收集品种。生石花按品系分可以分为34个品系，下面就介绍一下常见品系品种。

紫勋系 / 种植难度：★★

具有树杈状样的放射状纹路，窗面平整、光滑、皮实，容易养，生长较快，适合新手种植，分头较慢，拥有粗壮根系。花色以黄色为主，少数变异种开白色花，如黄紫勋、绿紫勋C36A等。品种有紫勋、弁天玉、真理玉、宝留玉、宝奇玉。著名园艺品种有酒红紫勋、绿弁天玉、黄紫勋、绿紫勋等。

酒红紫勋

黄绿紫勋C036A

紫勋C352

紫勋C020

弁天玉C001

弁天玉C153

紫勋C014

紫勋C005

阳月玉C054

紫勋C026；宝奇玉C302

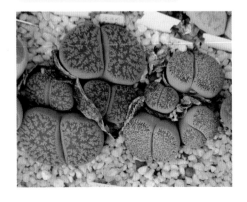

荒玉系 /种植难度：★★★

　　大型种，具有大脑样的纹路，窗面有凹凸感，市面售价较高，属于比较高级的品种。其中的C309A（拿铁咖啡）最昂贵，纹路呈雪花状，窗面呈土黄色，不同个体颜色和纹路差别较大，在荒玉C309的后代中容易出现纹路粉化现象，形似C309A。通常秋季开花，少数品种夏季开花；大多数品种开黄色花，少数园艺品种开白色花，如荒玉C189A。著名园艺品种有荒玉C309A、绿舞岚玉C394A等。

岛田 C309A，部分个体已经返祖

荒玉C309选拔出的品种

荒玉C374

荒玉 C383

荒玉 C373

日轮玉系 / 种植难度：★★

纹路呈阳光状散射，窗面光滑，与紫勋很像，容易与紫勋混淆。夏季不休眠，容易养，适合新手种植，单株直径可以达到3~4cm。花色以黄色为主，少数品种开白色花，如黄日轮玉C389、日轮玉C392等。品种有日轮玉、赤阳玉、光阳玉、阳月玉等。著名园艺品种有酒红日轮玉、全窗日轮玉、绿光阳玉、绿阳月玉、黄日轮玉等、不易群生。

日轮玉red open window

黄日轮玉C395

日轮玉C257

日轮玉C255

日轮玉C173

绿光阳玉C048A

赤阳玉C016

光阳玉C048

富贵玉系 / 种植难度：★★

　　具有大脑状纹路，窗面有凹凸感，大型种，单株直径可以达到3~4cm，秋季开花，开黄色花。品种有富贵玉、大宝玉、丸贵玉、珊瑚玉、氤氲玉等。著名园艺品种有绿富贵玉等。

富贵玉C142B

富贵玉C023

珊瑚玉C091

绿福贵玉

曲玉系 / 种植难度：★★★

　　大型种，夏季开花，开黄色花，夏季不休眠。1~3岁窗面呈圆形或椭圆形，有时窗面会向内凹陷，中间裂口小，像小嘴巴，很可爱，随着年龄增长，裂口会慢慢变大，直至变成两瓣。

曲玉C99

曲玉C315

曲玉C67

曲玉C69

绿曲玉C306

曲玉C381

巴里玉系 / 种植难度：★★★

纹路呈规则网格状，像雕刻的一样清晰，窗面有凹凸感，秋季开花，开白色花。品种有巴里玉、欧翔玉等。著名园艺品种有黄巴里玉C111A等。

黄巴里玉C111A

巴里玉C050

巴里玉C094

纹路玉系 / 种植难度：★★★

株体呈灰白色，对光照的需求很大，阳光不足易徒长、给水过多易二次蜕皮，此品系普及较早，许多大地色纹路出自此品系，容易与寿丽玉混淆，秋季开花，开白色花。品种有纹路玉、福寿玉、琥珀玉、纹章玉、朱弦玉、爱爱玉等。名园艺品种有：绿朱弦玉、红窗玉Top Red、紫福寿玉C369A、绿福寿玉C370A等。

红窗玉Top Red

绿朱弦玉

寿丽玉系 / 种植难度：★ ★ ★

具有网状纹路，纹路线条较粗，有的窗面中间纹路颜色较浅，四周纹路颜色较深，有的窗面中间裂口周围有一条细线，形似嘴唇。秋季开花，开黄色或白色花。品种有寿丽玉、福来玉、福惜玉等。著名园艺品种有菊章玉、菊化石、热唇C183A、红寿丽玉F109R、绿福来玉C56A、绿寿丽玉C297A、绿寿丽玉C349A等。

绿寿丽玉C349A

绿寿丽玉C297A

菊章玉

寿丽玉C64

绿福来玉C56A

寿丽玉

招福玉系 / 种植难度：★★★

呈黄色，窗面纹路不明显，有断断续续的血丝状纹路，若隐若现，秋季开花，开黄色花。品种有招福玉、碧胧玉、绚烂玉、盖氏玉、黑曜玉等。

大内玉系 / 种植难度：★★★★★

窗面无纹路或有灰色不规则纹路，易群生，需水量少，喜光，夏季绝对要少浇水，冬季开花，开白色花。著名园艺品种有红大内玉，此园艺种非常漂亮，深受花友喜爱，但不容易养活，易返祖，初学者不建议入此品种。

红大内玉

此盆红大内返祖很严重

42

朝贡玉系 / 种植难度：★★★

窗面有血滴状斑点，斑点突在窗面上，用手触摸能感觉到斑点的存在，该品系还有一个特别之处是开金黄色花。品种有朝贡玉、茯苓玉等。著名园艺品种有德州玫瑰。

朝贡玉C095

大津绘系 / 种植难度：★★★★★

窗面有牙齿状纹路，需水量少，水多易造成二次蜕皮，甚至烂掉，夏季绝对要少浇水，秋季开花，开黄色花。该品系深受花友喜爱，但不容易养。著名园艺品种有紫大津绘、绿大津绘等。

绿大津绘C350A

李夫人系 / 种植难度：★★★

墨绿色的个体，纹路呈网格状，秋季开花，开白色花，容易群生，对光照的需求很大，阳光不足易徒长。该品系在国内普及较早，在市面上广泛流行。著名园艺品种有紫李夫人、绿李夫人C351A等。

紫李夫人

绿李夫人C351A

橄榄玉系 /种植难度：★★★★

　　株体呈绿色或褐色，窗面光滑无纹路或纹路呈不规则状，个头较小，容易群生，开黄色花，给水太多株体容易爆裂，冬季不耐低温。著名园艺品种有红橄榄玉等。

红橄榄玉

橄榄玉C109

云映玉C188

彩研玉C396

　　云映玉C188，小型种，树杈状纹路，纹路很漂亮，容易形成群生，秋季开花，开黄色花。

　　彩研玉C396，淡粉色个体，粗线状纹路，纹路周围有一些小点点，秋季开花，开黄色花。

碧琉璃系 / 种植难度：★★★

　　窗面布满小点点，此品系很好辨认，易群生，秋季开花，开黄色花。著名园艺品种有红碧琉璃、绿碧琉璃等。

碧琉璃C254

红碧琉璃

微纹玉系 / 种植难度：★★★★

　　窗面上布满黑痣样点点，有的品种在黑点点中间有血丝状纹路，此品系很好辨别，夏末初秋开花，开黄色花。不宜多给水，水大了后容易发生二次蜕皮。著名园艺品种有黄微纹玉C363，此变种已经逐渐普及，价格不高。

黄微纹玉C363

丽虹玉系 / 种植难度：★★★

　　此品系黄色的株体、血丝状的纹路迷倒了许多爱好者，其纹路特征很明显，容易辨别，秋季开花，开黄色花。著名园艺品种有佐罗，其纹路呈闪电状，此园艺种需要进一步选拔，后代出现退化返祖现象的概率较大。

丽红玉C300

柘榴玉系 / 种植难度：★ ★ ★

　　纹路颜色较淡，有的纹路上会镶嵌一些血丝状条纹，易群生，秋季开花，开黄色花。其中雀卵玉的纹路比较清晰，有的会呈现规则树杈状纹路，非常好看。品种有柘榴玉、鸣弦玉、雀卵玉、辉耀玉等。著名园艺品种有黄鸣弦玉C362、紫柘榴C393A等。

黄鸣弦玉C362

鸣弦玉C057

辉耀玉C116

雀卵玉C044

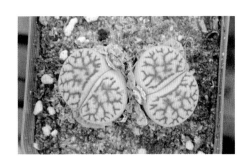

紫柘榴玉C393A

雀卵玉C283

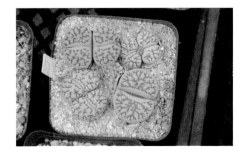

肉锥花属

　　肉锥花属多为小型种，品种非常多，容易群生，一株可以繁殖出2~4株，夏、秋季开花，花色繁多，但花比较小，喜欢柔和阳光，夏天不能曝晒，需要遮阴。冬季开始蜕皮，蜕皮时候，老皮逐渐变成灰白色，扒开老皮通常会发现里面繁殖出了几株新苗。常见品种有安珍、勋章、毛汉尼、拉登、灯泡、烧卖、口笛、少将、小红嘴、毛蛋等。

（左上图）口笛　　（右上图）毛汉尼
（左中图）灯泡　　（右下图）小红嘴
（左下图）勋章

对叶花属

　　对叶花属多为大型种，生长速度快。株体直径会长至8~10cm，表面长有黑色点点。夏季休眠。3年以上植株夏季需断水，冬、春季开花。常见品种有帝玉、紫帝玉、青鸾、凤卵等。

（右图）紫帝玉

碧光环属

　　碧光环属俗称小兔子、兔耳朵，因形状酷似兔子而得名。春、秋两季为生长季，夏、冬两季休眠，休眠后，两只"耳朵"会慢慢枯萎，此时容易被误以为植株已经死掉。到了生长季后，两只"耳朵"会慢慢冒出来。播种3年后会群生。此品种因一张网络萌照而一夜成名。

（右图）碧光环

春桃玉属

　　春桃玉属呈卵圆型，窗面有纹路或小点点，种子非常小，播种难度很大，不建议新手播种。夏季生长缓慢或停止生长，应少量给水。夏、秋季开花，开白色或黄色花。常见品种有春桃玉、绫耀玉、妖玉、南蛮玉、幻玉、奇风玉等。

（右图）绫耀玉

藻铃玉属

藻铃玉属株体表面长有细小绒毛，呈卵圆形，冬季开花，花色有紫红色、淡红色、白色，播种3年后开始分头。常见品种有无比玉、银光玉、翠滴玉、白魔等。

（右图）翠滴玉

天女属

天女属株体呈莲座状，叶片顶端有疣状凸起，播种1~2年后开始分头，生长较快，3年后形成群生。夏季务必控水，否则容易烂死，腐烂时叶片逐渐变成紫色，非常漂亮，但短暂的美丽之后就会迎来死亡。冬季开花，开黄色花。常见的品种有天女、天女扇、天女冠、天女簪等。

（右图）天女

3. 选购番杏有门道

近年来网络的发展，以及论坛、微博、微信的流行，助推了番杏植株的普及与推广，在朋友圈晒肉成为一种习惯，各种萌照、美照吸引着新手往"肉坑"里跳，入坑以后，如何挑选品种成为大家关心的话题。我们以生石花为例，建议新手谨慎从以下几个方面入手番杏。

(1) 谨慎从种子入手。虽然种子很便宜，但播种是一门技术活，而且不是那么容易养活的。种子出芽很容易，一般半个月内能发芽，但日后的管理是一个漫长过程。很多花友都播过成百上千粒种子，但过一年以后植株就所剩无几，之所以这样，在于小苗抗病的能力和适应环境的能力较弱。而新手对生石花的习性不了解，稍微有一些管理上的疏忽就能造成巨大损失。

(2) 谨慎从园艺品种入手。很多著名园艺品种很漂亮，但价格不菲，如拿铁咖啡C309A、酒红紫勋、紫大津绘、紫李夫人、绿光阳玉等，少则售价一百多元，多则几百元，甚至上千元。现在的园艺品种价格虚高，被商家或玩家炒作得抬高了身价，但实际上并不见得值得花那么多银子去购买。新手可以选购已经普及的园艺品种，如黄绿紫勋、绿福来玉、黄微纹玉、黄鸣弦玉等。

(3) 谨慎从"鼻屎苗"入手。所谓"鼻屎苗"，就是指个头很小（直径0.5cm以下）的小苗，这些小苗比较脆弱，根系不发达，成活率低。建议入手2年以上的植株（直径大小在1.2cm以上），这种植株根系发达、健康不徒长。在品种方面，建议入手紫勋、日轮玉、富贵玉等等，这些品种比较皮实，不易徒长，个头大，容易养，纹路也好看。

(4) 谨慎在夏季入手。番杏植物一般夏季休眠，即停止生长或缓慢生长，此时发根慢、容易烂苗，因此建议不要在夏季选购植株。推荐秋季购买（9月份左右），此时进入生长期，入手后容易长出新根，服盆也快。其次可以在早春购买，温度适宜，但春入手有一个缺点是春季过后要经历酷热夏季，对植株来说是一大考验，植株成活率会受到一定影响。北方的花友在冬季也可以购买，因为北方地区冬季有暖气，室内温度也适合植株生长，而且温度易于控制。

(5) 不要从国外邮购种子或植株。很多花友为了追求进口品种，也考虑到价格因素，喜欢从国外网站购买番杏。但由于植物和种子是特殊商品，国家是禁止私自将植株或种子引入国内的，除非有农业部的审批许可。因此建议个人不要从国外直接购买种子或植株，一旦被查到，轻则海关会将包裹退回，重则要销毁包裹，受到处罚。

4. 如何养好番杏植物

新手对番杏植物的印象就是长得慢、容易死、难养，喜欢它，又怕养死它。其实只要掌握番杏植物的习性，养好它就不是难事了，下面从温度、光照、水分等几个方面介绍如何养好番杏植物。

(1) 温度。番杏植株最适宜生长的温度是15℃~25℃，冬季室内温度0℃以上即可过冬。一般家庭都能满足这个条件，因此，冬季都不要害怕被冻死。夏季高于35℃植物会减慢生长或停止生长（2年以下的小苗不用考虑休眠）。花友最头疼的就是度夏，连续的高温天气，会让植物抵抗力下降，有的花友干脆将植物搬进空调房，享受清凉，其实这样做是不可取的，折腾多了，反而不利于番杏度夏。不要经常性地给植物挪位置、换环境，植物会受不了环境的变化，这就像人在多变的温度环境下也容易生病一样。

(2) 光照。番杏植物是喜欢阳光的，因此不能长期将植物放在室内无阳光照射的地方，这样不但容易造成植物徒长，影响美观，也容易造成植物抗劣性减弱，容易烂掉。因此，要将植物放在朝南的窗口或窗外，全天候享受阳光。夏季紫外线强，需要在外加遮阳网，用遮阳率50%的网就可以了，要全天候遮阳，到阴雨天可以将遮阳网拿掉。一般5月份就可以加遮阳网，到11月份拿掉遮阳网。切忌突然改变植物的光照强度，尤其是在连续一段时间阴雨天后，天空放晴，这时务必要遮阳，不然植物可能会容易被晒伤。

老皮起保护作用，尽量不要人为扒掉

随着植株生长，老皮会逐渐被撑开

(3) 水分。番杏植物的原产地雨量很少，因此植物非常耐干旱，不要害怕被干死（1年以下的小苗除外）。浇水需要等到土壤干透以后，另外要在连续几日天气晴好的时候浇水，切忌在阴雨天浇水。夏季要在傍晚浇水，冬季要在中午浇水，春、秋季要在下午浇水。春、秋两季需水量较大，一般一个星期浇一次；夏季要减少水分，甚至断水，可以半个月浇一次水；冬季要视温度而定，如果温度低于5℃就可以彻底断水，如果有暖气，就跟春秋季一样管理。初春季节，一些番杏植物会蜕皮，此时千万不能浇水，等到外皮变干变薄再浇水。蜕皮时，不要人为帮助番杏"扒皮"，这样会影响新株生长，造成株体变小，也不能将老皮去掉，因为老皮可以为新株抵挡病菌，起到防护作用，也会为新株提供营养，有利于新株生长。

(4) 肥料。使用肥料可以促进番杏植物株体变强健、根系变粗壮、花朵肥大、分头机会增加。一般可以使用多肉植物专用缓释肥，氮磷钾比例为9：14：19。可以将肥料放在土壤表面，或者混合到土壤里面。也可以使用有机肥，如鸡粪、牛粪等，将有机肥混合在土壤里面。

(5) 土壤。如何选择土壤很重要，土壤决定了多肉植物的生长状况。原则上建议选择蓬松、透气的土壤，千万别用花园内或野外的黏性土，这些土壤透气性差、易积水、易结块，新手们还没达到可以使用这些土壤的水平。花友们可以使用进口的泥炭土、珍珠岩、赤玉土，比例为4：1：4。土壤里面可以加一些多菌灵等杀菌药及土虫丹等杀虫药。

(6) 上盆。上盆前先修根，留主要根系，去掉须根，主根留1~2cm长，要注意检查一下根系上有无根粉蚧，如果有，需要用水将根系清洗干净。修根以后，可以将植株放在通风、无阳光直射的地方晾2~3天，让根部充分干燥。有人担心根晒干了会影响植株成活，这个担心是多余的，根晾干才能有利于长新根，如果根太潮反而容易烂根。然后选择一个晴好天气上盆，上盆前，将种植土喷一些水，让土壤里保留一些水分，种上植株以后，土壤表面铺一层装饰用颗粒土，用含有杀菌剂的水将土壤喷至湿透，直至盆底流水为止，可以对着植株一起喷。将植株放在通风、阳光柔和的地方，这样便大功告成。

(7) 花盆。新手可以选择透气性好、底部有排水孔的陶盆、瓦盆，用这种盆土壤干得快，不易烂根。还可以选用塑料花盆，花盆易选择深度在6~12cm左右的，深度不够的盆，主根系伸展不开，深度过大的盆，盆内土壤不容易干透，容易烂根。最好不要使用底部没有排水孔的盆，这样浇水量不好控制，水浇多了会集聚在盆底，导致烂根。

第四章　玩转景天科及其他

1. 景天科多肉植物概述

景天科是多肉植物中最重要的科之一，品种繁多，有35属1500余种.中国有10属240余种，还有大量引进品种作为观赏植物。景天科多肉植物为多年生肉质草本植物，夏秋季开花，花小而繁多，各种颜色都有。表皮有腊质粉，气孔下陷（可减少水气蒸腾），是典型的旱生植物，无性繁殖力强，采叶即能种植生根。景天科植物植株矮小，叶片为肉质，耗水肥很少，耐污染，是目前比较流行的屋顶绿化首选的植物。

景天科多肉植物生长地域广泛，比如世界各地几乎都有景天属，非洲分布有青锁龙属、银波锦属、天锦章属、伽蓝菜属等，欧洲有长生草属、神须草属，中国和东亚地区则有红景天属、瓦莲属、孔岩草属、费菜属、石莲属、瓦松属等，美洲以墨西哥为中心分布有拟石莲属、厚叶草属、风车草属、美丽莲属、仙女杯属等。

景天科多肉植物外观小巧玲珑，植株肥厚多汁，造型特别，越来越受大众喜爱。近年来，景天科多肉植物已被大量用于室内盆栽观赏，一些品种也逐渐被园林设计师们运用于城市道路、公园、小区的绿化中。

本章将对景天科热门属的多肉植物进行介绍。

2. 景天科多肉植物种植方法

景天科多肉植物以其独特的魅力深受多肉植物爱好者的欢迎，要种植好它们，日常养护就显得十分重要，我们将从以下几方面谈谈景天科多肉植物的种植方法。

(1) 光照。只有少数景天科植物能够忍受高温，因此当气温上升时，需要适当遮阴。如果要在炎热的夏天露养，适当遮阴，需避开午后的毒辣阳光。

(2) 通风。通风十分重要，高温和凝滞的空气容易引起病虫害，而使景天腐烂致死。

(3) 浇水。不同种类的景天科多肉植物休眠期也不同，要根据植物的习性控制浇水量。一般是表土干了再浇水，把握见干见湿的原则（指浇水时一次浇透，然后等土壤快干透时再浇第二次水）。我们日常养护中浇的自来水，pH值往往在7.8左右，而雨水的pH值为5.5~6.5，这才是景天喜欢的水的酸碱度。可以用在自来水中滴加白醋的方式，把水的pH值修正到5.5左右。浇酸水能促植物生长，而且能增强其抵御虫害的能力。

(4) 基质。一般推荐50%采用园土与轻石混合比例为1:1的介质，这样可以提高土壤的排水性，同时采用红色火山石铺面，以减少阳光的蒸腾作用，避免水分流失过快。温室种植景天科植物则可以采用泥炭与轻石混合比例为3:7的介质，同时采用大粒花岗岩砂铺面。

(5) 肥料。适当控肥，施肥过多则植物很容易徒长变形。在盆底埋入一些缓效花肥或有机肥，定期换盆换土，则生长缓慢的多肉植物几乎不需要额外的肥料补充。

(6) 病虫害。病虫害防治主要是预防。其中对培养土进行消毒有很好的预防效果。多肉植物常用的药剂主要有防病治病的杀菌剂和杀虫剂两类，需要对症下药。

（下图）多肉大棚

3. 莲花掌属

　　莲花掌属植物呈灌木状，肉质叶在茎顶端排列成莲座状，叶缘和叶面有毛。花为总状花序且高大，开花后全株枯死。全属约40种，原始种莲花掌属大多分布在加那利群岛为主的北非地区。

黑法师 /*Aeonium arboretum cv.Atropurpureum*

原产地：摩洛哥、加那利群岛　品种类型：冬型种

　　神秘高雅的黑紫色叶片，精致完美的莲座状叶盘，优美多姿的枝干，这使得黑法师极具观赏价值。在原产地摩洛哥加那利群岛，黑法师成株株高可达1~2m，叶盘直径可达20cm，容易产生分枝，属于肉质的亚灌木。喜欢阳光充足、温暖干燥的环境，耐干旱，不耐寒，生长适宜温度为10℃~30℃，冬季生长环境温度一般不低于5℃。在凉爽时节生长迅速，夏季休眠，所以最好在初春采用顶芽插方法进行繁殖，叶插则成功率低。花期在春末，开黄色小花，开花后一般植株会死亡，可在开花前将花剑剪掉避免损失。

清盛锦 /*Aeonium decorum f. Variegata*

原产地：摩洛哥、加那利群岛　品种类型：夏型种

　　清盛锦有很多动听的名字，如艳日辉、映日辉等，多与阳光有关，这也说明它是极喜欢日照的。在充足的阳光下，它的叶片会呈现明黄、嫩绿、桃红三种颜色渐变的效果，整株色彩绚丽，十分漂亮。清盛锦呈莲座状，容易产生分株而群生，茎干容易木质化，花为总状花序，开花后全株会枯萎死亡，可在开花前将花苞剪掉。春夏季生长迅速，需要给足生长所需水分。夏季温度过高会休眠，休眠时应减少浇水频率，给予通风阴凉的生长环境，防止中午烈日曝晒。繁殖方式主要为侧芽插，成功率高。

山地玫瑰 /*Greenovia aizoon*

原产地：加那利群岛　品种类型：夏型种

与普通玫瑰相比，山地玫瑰同样有着含苞待放的羞涩神韵，亦有着为灿烂生命绽放的勇气，但它却是"永不凋谢"的，因为它的"花朵"下面就是顽强地扎入土壤的根系。野生山地玫瑰孤高独立，喜欢生活在高山岩缝和石隙里，在阳光充足、凉爽干燥的环境中"孤芳自赏"。具有高温时季节性休眠和寒凉时节生长的习性，怕积水和闷热潮湿的环境。繁殖方式以播种、分株扦插为主。

山地玫瑰有四个品种，包括Greenovia aizoon、Greenovia aurea、Greenovia diplocycla、Greenovia dodrentalis，原产地都是加那利群岛，并广泛分布于其东、西两个岛群。但是现在由于当地进行旅游开发，山地玫瑰原产地的野生株群越来越少。

明镜 /*Aeonium tabulaeforme*

原产地：摩洛哥、加那利群岛　品种类型：冬型种

明镜叶面平如镜，叶片紧密排列似精美的几何图案，让人叹为观止。成株明镜叶片密集，可达200枚，呈莲座状，叶缘有白色纤毛，叶片颜色随光照、温差的不同会呈深绿、浅绿、明黄的变化。喜欢阳光充足、温暖干燥的环境，耐干旱，夏季休眠，休眠时应放于通风阴凉处，减少浇水或不浇水，冬季保持环境温度在0℃以上即可安全过冬。需要特别注意的是，明镜叶片排列紧密，浇水时不要将水浇在叶面上，防止叶面积水腐烂，特别是高温季节。开花后母株会枯萎死亡，可在开花前将花苞剪掉。繁殖方式以侧芽插为主，成功率高。

小人祭 /*Aeonium sedifolius*

原产地：北非和加那利群岛　品种类型：春秋型种

小人祭的株型迷你且多分枝，其细小卵状的叶片排列成莲花状，带有少量茸毛，有黏性，颜色为绿色带紫红纹，叶缘有红边，在充分光照下，叶片颜色会变，紫红色纹理也愈发明显，非常迷人。夏季有很明显的休眠现象，叶片会包起来。春季开花，花为总状花序、黄色小花，开花后的枝条会干枯死掉，但其下部会萌生新的侧芽，因此不需要担心小人祭开花后死亡。小人祭习性强健，喜温暖干燥和阳光充足的环境，耐干旱，适合露养或者半露养。生长温度为15℃~25℃，冬季则不低于5℃。繁殖方式主要为扦插，剪下一小段插入土中即可，比较容易繁殖。

爱染锦 /*Aeonium domesticum fa. variegata*

原产地：大西洋诸岛、北非和地中海沿岸

品种类型：春秋型种

爱染锦属于矮小灌木状植株，茎有落叶痕迹，呈半木质化且带有气生根，叶片呈匙形，颜色为绿色且带有黄色的锦斑。叶片锦斑可能会消失，也可能完全锦斑化（全黄色）。喜好冬暖夏凉的气候环境。多数种类有夏季休眠的习性，休眠时底部叶片会凋落，冬季可持续生长。春季开花，花为圆锥花序、黄色。繁殖可采用播种、枝插、芽插的方式，以枝插为主，剪下一小段插入土中即可生根。

冰绒掌 /*Aconiumballerina*

原产地：大西洋诸岛、北非和地中海沿岸

品种类型：春秋型种

冰绒掌分枝多，叶片生长在茎端和分枝顶端，集合成莲座叶盘，容易群生，叶呈灰绿色，叶缘和叶面、叶背都有睫毛状纤毛。喜温暖干燥和阳光充足的环境，耐干旱，能够忍耐-3℃低温并且保持盆土干燥，气温为-3℃时叶片会微微耷拉下来，温度回升则恢复挺立。夏季最好不要曝晒，适当遮阳，少水。可以在早春剪下其莲座叶盘进行扦插，原来茎上会长出蘖芽。

4. 拟石莲花属

拟石莲花属为矮性莲座状多肉植物，有直立茎和侧生的蝎尾状聚伞花序，花很美。开花后植株长势衰弱但并不枯死，在生长季会恢复。本属约160种，原产于墨西哥和中美洲。

初恋 /*Echeveria cv. Huthspinke*

原产地：摩洛哥、加那利群岛   品种类型：冬型种

初恋如同它的名字一般惹人怜爱，在寒凉时节充足的阳光下，叶片呈淡紫红色，最为迷人。喜欢阳光充足、干燥通风的环境，耐干旱，生长迅速，是拟石莲花属比较大型的品种。夏季高温时节需避免正午阳光直射，放于通风阴凉处，冬季避免盆内积水，生长环境温度以不低于5℃为宜。需要注意的是，其叶面上有淡淡的薄粉，浇水时应避免浇到叶片上影响美观。繁殖方式以分株或叶插为主，成功率高。

月影 /*Echeveria elegans*

月影系·白月影

月影系·冰莓

月影系·厚叶月影

原产地：墨西哥、美国　品种类型：冬型种

月影是多肉植物里的"白富美"，和其他拟石莲花属品种相比，月影更为清丽柔美，株型紧密厚实，一眼看上去就让人没有抵抗力。喜欢阳光充足、干燥通风的环境，比较耐寒、耐干旱、耐高温，温度在35℃以上会休眠，冬季环境温度以不低于5℃为宜。在秋冬季节，叶片颜色会渐渐变化，在温差大的环境更为明显，此时状态最为迷人。需要注意的是，月影系品种一般叶片较多，排列紧凑，所以在浇水时应尽量避免过多浇水在叶片上，否则容易积水，引起叶片腐烂。繁殖方式以叶插或侧芽插为主，成功率高。

月影系是近年来风靡全国的品种，原产于墨西哥半沙漠的环境，是景天科拟石莲花属的一个比较大的家族。国内比较常见的品种有普通月影、红边月影、星影、墨西哥雪球、海琳娜、冰梅、紫罗兰女王等。

月影系·紫罗兰女王

吉娃莲 /*Echeveria chihuahuaensis*

原产地：墨西哥　品种类型：夏型种

　　吉娃莲又叫吉娃娃，叶片挺拔紧凑，叶尖为大红色，给人小巧可爱的感觉。喜欢阳光充足、通风干燥的环境，耐干旱，夏季高温时需遮阳，放于通风阴凉处，冬季保持盆土干燥，环境温度以0℃以上为宜。繁殖方式以分株或叶插为主，成功率高。

晚霞 /*Echeveria Afterglow*

原产地：墨西哥　品种类型：夏型种

　　晚霞花如其名，粉紫色的叶片加上大气的叶形，宛如天空中的霞彩，给人安静祥和的感觉。喜欢阳光充足、温暖干燥、通风良好的环境，大棵的老株在日照充足的条件下，甚至可以一年四季都保持梦幻般的色彩。叶面上有薄薄的白色粉末，应避免直接浇水在叶面上，影响美观。夏季高温时会有短暂性的休眠，需要注意通风遮阳，少量给水。因为小棵很难长侧芽，所以一般都是用从老株剪切下的侧芽进行扦插繁殖，另外老桩砍去顶芽后也会长出很多小芽。

广寒宫 /*Echeveria cante*

原产地：墨西哥　品种类型：夏型种

　　美艳的广寒宫，大多数人都会对它一见钟情，它就如那一尘不染的仙子，冷艳孤傲。广寒宫叶片整齐紧凑，棱角分明，叶面平滑，有厚厚的白色粉末，在充足的光照下，叶缘会晒出淡淡的粉红色，衬托着叶面冷艳的白色粉末，非常美丽。春秋季生长迅速，夏季会有短暂性的休眠，注意遮阳，少量给水，以免根部因过度干燥而干枯。繁殖方式以分株和播种为主。

玉蝶 /*Echeveria secunda var. Glauca*

原产地：墨西哥　品种类型：夏型种

玉蝶对环境的适应能力非常强，一般放在野外露天栽培就可以保持好看的状态，而且时间久了往往会成片生长。玉蝶通常全年蓝绿色，具有美丽的莲座株型。需要注意的是，玉蝶虽然适应能力强，但是不喜欢阴湿，否则会徒长得非常难看，冬季不耐寒，需搬到室内或遮雨雪防冻。繁殖方式以分株为主，但如果想要培育出群生的玉蝶，可以切掉植株中部，这样切掉的部分会长出很多小芽，一般一个秋天就可以塑造出群生玉蝶了。

皮氏石莲花 /*Echeveria peacockii sp*

原产地：墨西哥　品种类型：夏型种

全年几乎都很美丽的皮式石莲花，在充足日照下会呈现出叶缘粉色、叶面蓝色的动人光彩，即使缺少光照，只要不徒长，颜色也是好看的蓝绿色，完美的株型更是让人爱不释手。非常喜爱阳光充足的环境，除了夏季，几乎可以全日照，夏季要适当地遮阳，少量给水。生长季生长速度迅猛，适当浇水即可保持较好的状态和长势。繁殖方式以枝插和叶插为主，叶插很容易成功。

静夜 /*Echeveria derenbergii*

原产地：墨西哥　品种类型：夏型种

静夜是石莲花属里的小型品种，喜欢阳光充足和通风良好的环境。充足的光照下叶尖会变成粉嫩的红色，加上小巧的株型，有种清新可爱的感觉。注意生长季节多晒太阳，否则茎干很容易变长，从而拉开叶片间的距离，影响美观。夏季高温下会休眠，注意遮阳少水。繁殖方式以叶插和枝插为主，因生长速度较慢，枝插的植株生长速度相对于叶插要快些。

霜之朝 /*Echeveria sp. SIMONOASA*

原产地：美洲　品种类型：夏型种

霜之朝是很普通但非常好看的品种，它的美在于它的"银装素裹"，其叶面覆盖着厚厚的一层白色粉末，让其有着雪莲一般的韵味，却又不失可爱。喜欢阳光充足、通风良好的环境，生长能力较强，几乎全年都会生长，高温时会有短暂休眠。叶面上的白色粉末是其主要观赏点，浇水时应避免直接浇在叶面和叶芯处，因为夏天叶芯处积水会非常容易腐烂。繁殖方式以分株和叶插为主，叶插繁殖较为容易。

雪莲 /*Echeveria Laui*

原产地：美洲　品种类型：夏型种

圣洁美丽的雪莲，犹如冰雪雕成的莲花，具有特别的观赏性。生长缓慢，外形美观。喜欢阳光充足、凉爽干燥、昼夜温差较大的环境，夏季应适当遮阳，其他季节都可以全日照。缺少光照会造成植株徒长，叶片松散，白色粉末减少。因叶面有厚厚的白色粉末，而这又是其主要观赏点，所以要避免淋雨，浇水时避免直接浇到叶面上，影响其美观。繁殖方式以分株、叶插和播种为主。

芙蓉雪莲 /*Echeveria laui x lindsayana*

园艺品种　品种类型：夏型种

芙蓉雪莲是杂交品种，由雪莲和卡罗拉杂交而来，相对于雪莲来说，价格比较平民化。叶片一般为白色，日照增多、温差增大的话整株会转变为粉红色，可以长得非常巨大。喜欢日照，根系生长健康后可以多给一点水。可以通过扦插进行繁殖，但以叶插为主。在春季叶插会较快生根发芽，扦插不宜大面积成型。

特玉莲 /*Echeveria.runyonii cv 'Topsy Turvy'*

巧克力方砖 /*Echeveria'Melaco'*

露娜莲 /*Echeveria Lola*

园艺品种　品种类型：夏型种

特玉莲是拟石莲花属中叶型较为独特的一种，其卷曲的叶片前端看起来像一个个"爱心"，加上紧凑的株型，具有很强的观赏性。特玉莲也是个伟大的"母亲"，其植株底部非常容易生出侧芽。一般等到侧芽生出4~6枚叶片时即可剪下来单独栽培，以免植株过度拥挤，破坏母株株形。喜欢阳光充足、温暖干燥的环境，缺少光照叶形会偏瘦，显得不够饱满，如果要保持紧凑饱满的株型，可以采取全日照。夏季会短暂休眠，注意适当给水和遮阳。繁殖方式以分株或叶插为主，成功率高。

园艺品种　品种类型：冬型种

巧克力方砖属于中小型品种，肉质叶排成松散的莲座状。褐红色的叶片向内凹陷有明显的波折，叶缘有轻微的米黄色边，在强光下或温差较大的环境下，叶片会出现漂亮的紫褐色，仿佛巧克力的颜色。在弱光环境下，叶色浅褐绿，叶片拉长。需要阳光充足、凉爽和干燥的环境，耐半阴，怕水涝，忌闷热潮湿。夏季高温休眠，在冷凉的季节生长。生长期需保持土壤湿润，避免积水，能耐-4℃左右的低温。繁殖方式一般为顶芽插、分株、扦插和叶插。

原产地：墨西哥　品种类型：夏型种

颜色和株型都非常抢眼的拟石莲花属品种，喜欢阳光，充足的光照下会一直保持淡淡的粉紫色，紧凑向上的莲座株型配上嫩嫩的叶尖，非常美丽。生长季节缺少光照会徒长，叶片变得细长而不够圆润饱满，叶色呈浅灰色或浅绿色。夏季会有短暂的休眠期，需要遮阳少水，并加强通风。露娜是百搭的好品种，单独栽培和组合盆栽都非常美丽。繁殖方式以叶插为主，成功率非常高。

黑爪 /*Echeveria cuspidata var gemmul*

原产地：墨西哥、美国　品种类型：冬型种

黑爪叶片较长有红褐色叶尖。叶色为蓝绿色，光照强烈或昼夜温差大或冬季低温期叶色为白绿色，叶尖黑红，光照弱则叶色为浅蓝绿。叶面有白色粉末，日照充足时叶色才会艳丽，株型才会更紧实美观。日照太少则叶色浅，叶片排列松散。多年群生后，植株会非常壮观。花为穗状花序，花色微黄。喜好阳光充足和凉爽干燥的环境，耐半阴，怕水涝，忌闷热潮湿。具有寒凉季节生长，夏季高温休眠的习性。繁殖方式以叶插、分株为主。

红爪 /*Echeveria mexensis 'ZALAGOSA'*

原产地：墨西哥　品种类型：冬型种

红爪也叫野玫瑰之精，株型精致紧凑，叶片细长圆润，叶面覆盖一层淡淡薄粉，而叶尖收拢为一点红，十分美观，似精雕细琢一般。喜欢阳光充足和通风干燥的环境，十分容易养护。春秋季为生长旺季，耐干旱，夏季高温时会短暂休眠，应放在通风阴凉处，控制浇水量，防止根部积水。冬季保持盆土干燥，生长环境温度在0℃以上即可安全过冬。繁殖方式以叶插、分株为主，成功率高。

黑王子 /*Echeveia 'BlackPrince'*

原产地：墨西哥　品种类型：夏型种

黑王子是拟石莲花属里少数的黑色系品种，具有较高的观赏性。非常喜欢阳光充足、通风良好的环境，缺少光照的情况下，会从植株中心开始慢慢转绿，加大光照则叶片会变红，再转黑。黑王子生长能力较强，几乎全年都会生长，夏季高温会短暂的休眠，少量遮阳和浇水就可以安全度夏。繁殖方式以叶插为主，成功率非常高，很容易大量繁殖。

蓝鸟 /*Echeveria blue bird*

园艺品种　品种类型：春秋型种

蓝鸟是由皮氏系石莲花杂交得来的极美园艺品种，莲花座状株型挺拔厚实，叶片偏淡蓝色，叶缘呈粉红色，叶面有厚厚一层白色粉末，整体感觉洁净无瑕。喜欢阳光充足、温暖干燥的环境，耐干旱，生命力顽强，极易养护，除盛夏高温时需遮阳外，其他时节可以全日照管理，冬季保持环境温度在0℃以上即可安全过冬。由于蓝鸟叶面粉末较多，浇水时应避免叶面沾到水。繁殖方式以叶插、播种为主，成功率高。

祇园之舞 /*Echeveria shaviana*

原产地：墨西哥、中美洲　品种类型：春秋型种

祇园之舞是拟石莲花属裙边系经典品种，叶缘卷曲似百褶裙般美丽动人，叶面有一层薄薄的白色粉末。在寒凉时节的灿烂阳光下株型紧凑美观，叶片由淡粉蓝色渐渐变为粉红色，展现出最好的状态。喜欢阳光充足和通风干燥的环境，春秋季为生长旺季，耐干旱，夏季高温时会短暂休眠，应放在通风阴凉处，控制浇水量，避免根部积水。冬季保持盆土干燥，生长环境温度在0℃以上即可安全过冬。繁殖方式以叶插、播种、分株为主，成功率高。

花月夜 /*Echeveria pulidonis*

原产地：墨西哥、中美洲　品种类型：夏型种

花月夜属于拟石莲花属的一个经典品种，很多拟石莲花属的园艺品种都由花月夜作为母本培育而出。在春秋季，叶片会出现迷人的红边。喜欢阳光充足和通风干燥的环境，生长适宜温度为10℃~30℃，夏季高温时会休眠，应避免正午太阳直射，放在通风阴凉处，控制浇水量，避免根部积水。冬季保持盆土干燥，生长环境温度在0℃以上即可安全过冬。繁殖方式以叶插、播种为主，成功率极高。

蒂比/*Echeveria cv Tippy*

园艺品种　品种类型：春秋型种

　　鲜嫩的淡黄果冻色的蒂比十分惹人喜爱，在春秋季充足的光照下，叶片渐渐收拢似相互拥抱状，叶尖迷人的胭脂红点越发红艳，萌态十足。喜欢阳光充足和通风干燥的环境，春秋季进入生长旺盛期，夏季高温时避免正午太阳直射，应放于通风阴凉处，减少浇水。冬季保持环境温度在0℃以上和盆土干燥即可安全过冬。繁殖方式以叶插、播种为主，成功率极高。

红化妆/*Echeveria cv Victor*

园艺品种　品种类型：春秋型种

　　红化妆一年大部分时间为翠绿色，在寒凉时节的阳光照射下，叶片几乎可以转变为全红色，宛如换上全红新妆，十分惊艳。生长迅速，易产生侧芽，形成多头群生株。喜欢阳光充足和通风干燥的环境，夏季高温时避免正午阳光直射，应放于通风阴凉处，浇水时注意避免根部积水。冬季保持盆土干燥，环境温度维持在0℃以上即可安全过冬。繁殖方式以叶插、侧芽分株为主，成功率极高。

鲁氏石莲花 /*Echeveria runyonii*

原产地：墨西哥　品种类型：春秋型种

　　鲁氏石莲花属于特别耐看的品种，株型紧凑，叶面附有一层薄薄的白色粉末，叶片会因日照的不同而呈现为偏淡蓝色或偏淡白色，在春秋季光照下叶缘会变为红色。喜欢阳光充足和通风干燥的环境，极易养护，夏季高温时需避免正午阳光直射，放于通风阴凉处，其他时节基本可以全日照。浇水时注意避免叶片积水。冬季保持盆土干燥，环境温度维持在0℃以上即可安全过冬。繁殖方式以叶插、播种、顶芽插为主，成功率极高。

姬莲 /*Echeveria minima*

原产地：墨西哥　品种类型：春秋型种

　　姬莲属于拟石莲花属里的小型品种，叶片短小厚实，相互间密集排列呈莲座状，在昼夜温差大和阳光充足的环境里，突出的叶尖和叶缘呈现大红色，十分美艳。喜欢阳光充足和通风干燥的环境，生长缓慢，夏季高温时需避免正午阳光直射，放于通风阴凉处，其他时节基本可以全日照，浇水时注意避免叶心积水。冬季保持盆土干燥，环境温度维持在0℃以上即可安全过冬。繁殖方式以叶插、播种、顶芽插为主，成功率极高。

月光女神 /*Echeveria Moon Gad varnish*

园艺品种　品种类型：春秋型种

　　月光女神由花月夜和月影系品种杂交而来。叶缘较薄，具有花月夜红边和月影系通透边缘双重特点，饶有趣味的是叶心附近的叶片呈扁圆状，有一种被挤压的感觉。喜欢阳光充足、温暖干燥的环境，耐干旱。春秋季为生长旺季，盛夏高温时需放于通风阴凉处，减少浇水量，其他时节均可全日照管理。冬季保持环境温度在0℃以上和盆土干燥即可安全过冬。繁殖方式以叶插、播种为主，成功率高。

克拉拉 /*Echeveria clara*

原产地：墨西哥、中美洲　品种类型：春秋型种

　　克拉拉株型和叶形与红爪相似，但其叶色偏白，叶尖没有胭脂色红点。在寒凉时节的阳光照射下叶片会呈现粉红色，显得朴实素雅。喜欢阳光充足、温暖干燥的环境。耐干旱，生命力顽强。盛夏高温时节需放于通风阴凉处，其他时节可以全日照管理。冬季环境温度保持在5℃以上即可安全过冬。繁殖方式以叶插、播种为主，成功率高。

紫珍珠 /*Echeveria cv. Perle von Nurnberg*

园艺品种　品种类型：春秋型种

　　紫珍珠，是粉彩莲和星影的杂交品种。植株属于中型。叶片呈匙形，较宽，表面光滑，轮生，排列成莲座状叶盘，呈现出美丽的粉紫色，边缘有乳白色或浅粉色线条。夏末秋初会开花，橘红色花朵略带紫色。喜欢阳光充足和干燥通风的环境。适应力较强，耐旱、耐阴，但不耐烈日曝晒。无明显的休眠期。生长适宜温度为15℃~25℃，冬季环境温度不低于5℃。繁殖方法主要是扦插、分株，扦插以8~10月为佳，分株以春季为宜。

大和锦 /*Echeveria pur-pusorum*

原产地：墨西哥　品种类型：春秋型种

　　大和锦属中小型品种，肉质叶排成紧密的莲座状。叶片为广卵形至散三角卵形，背面突起呈龙骨状。叶色为灰绿色，叶面有红褐色的斑纹。昼夜温差大或冬季低温时叶色较深，叶缘发红。弱光环境下，叶色为浅灰绿色，叶片拉长。叶面光滑，不易积水。花为簇状花序，颜色微黄。喜欢阳光充足、凉爽干燥的环境，耐半阴，怕水涝，忌闷热潮湿。繁殖方式一般为扦插，可以顶芽插和叶插，但是其生长速度过慢，不建议叶插。

小和锦 /*Echeveria Purpusorum cv*

园艺品种　品种类型：春秋型种

　　小和锦厚实的叶片上有漂亮的红褐色纹路，是大和锦的杂交品种，植株比大和锦小，叶片则相对排列更紧密。生长缓慢，不容易徒长，但在光照不足的情况下，叶色呈嫩绿色，在光照充足及昼夜温差大的情况下，叶片会变红，配合叶面纹路，非常好看。春夏开花，花为簇状花序。夏季休眠，但休眠期不明显，基本全年生长但生长缓慢，耐阳光直射，耐阴。繁殖方式可选择枝插或叶插。

锦晃星 /*Echeveria pulvinata*

原产地：墨西哥　品种类型：春秋型种

锦晃星叶片肥厚，呈卵状倒披针形，叶面布满细短的白色毫毛，叶缘顶端的红色鲜艳夺目。晚秋至初春开花，花为穗状花序。喜欢阳光充足和凉爽、干燥的环境，耐干旱和半阴，忌水湿和闷热。盛夏高温时，要加强通风，防止暴雨冲淋。冬季放在室内阳光充足处，要节制浇水，以避免因低温、潮湿引起的烂根。繁殖方式为扦插，可在生长期进行，枝插、叶插均可成活。

红稚莲 /*Echeveria macdougallii*

原产地：墨西哥　品种类型：春秋型种

红稚莲叶片光滑，叶缘微发红，随着植株的生长茎会逐渐伸长。叶片呈广卵形至散三角卵形，排列松散，叶面有细微纹路，叶片先端急尖。喜欢温暖干燥和通风的环境，不耐烈日曝晒，无明显休眠期。叶片常年为绿色至红黄色，昼夜温差大或冬季低温时叶缘会变为大红或深红色，弱光状态则叶片为浅嫩绿色，会拉长，叶缘红边也会减退。繁殖方式主要有扦插和播种。

花乃井 /*Echeveria amoena*

原产地：墨西哥　品种类型：夏型种

花乃井为微小型品种，叶片肉质肥厚，呈匙形，有短柄或无柄，轮生，排列紧密，形成莲座状，叶片颜色为蓝绿色或紫色，有时会显出粉红色，叶面有白色粉末。容易群生，易长侧芽。春季开花，花型似钟。喜欢阳光充足和凉爽干燥的环境，习性比较强健。生长季节可露天栽培，夏季高温时除了加强通风，还要适当遮阳。冬季可移到室内向阳处养护。繁殖方式为叶插、枝插和播种。

白凤 /*Echeveria 'Hakuhou'*

园艺品种　品种类型：夏型种

白凤是体型较大的品种，由景天科拟石莲花属的霜之鹤和雪莲杂交育出，叶形"遗传"了霜之鹤，全株覆满白色粉末则"遗传"了雪莲。叶片呈匙形，排列成莲座状，叶长可达15cm、叶宽5~7cm，叶面最大直径可以超过20cm。叶色为翠绿色，冬季叶缘及老叶易转红。秋季开花，花为歧伞花序，叶片钟形，橘红色。春秋季叶片在白色粉末的覆盖下，会有泛蓝的感觉。冬天低温加强日照的话，叶尖、叶缘、叶背会泛红。繁殖方式以扦插为主，但叶插不易出芽。

女雏 /*Echeveria cv. Mebina*

园艺品种　品种类型：春秋型种

女雏属于小型品种，叶片大部分时间都是淡绿色，在日照充足的春秋季，叶尖会呈现绮丽的粉红色，放置在干燥地方的话颜色会更加鲜艳美丽。生长速度比其他拟石莲花属植物快，群生速度也非常快。全年都在生长，对日照的需求比其他的拟石莲花属少。迷你娇小的体型加上春秋季的粉色调非常惹人喜爱，很适合小型组合盆栽。繁殖方式主要为扦插，叶插非常容易成功。

立田凤 /*Sinocrassula densirosulata*

园艺品种　品种类型：春秋型种

立田凤的植株颜色为蓝灰色，叶片饱满，叶片较厚且先端尖，叶尖会轻微发红并微微变圆，形态漂亮。在光照强烈与昼夜温差大时或冬季低温期叶色会变成非常漂亮的红色。立田凤非常好养，四季中除了夏季要注意适当遮阳，其他季节都可以全日照养护。繁殖方式以扦插为主，非常容易成功。

红粉佳人 /*Echeveria Pretty in Pink*

园艺品种　品种类型：春秋型种

红粉佳人属小型多肉品种，比较容易群生。叶片呈肥厚匙状，紧密排列成莲座状，株型和叶形与白牡丹有一点相像，但红粉佳人叶片更长。叶端呈明显三角形，叶尖颜色多变，在一定条件下会呈现粉色、粉橙色、粉蓝色、粉白色、红色等，秋冬季节最美。夏季开花，花为穗状花序，钟型小花，黄色。整体来说，红粉佳人很好养护，生长速度也较快，平时浇水干透浇透即可，由于叶片肥厚，拉长浇水间隔影响也不大。尽量给予充足的光照，保持其株型紧凑，充分上色。夏季度夏不难，适当遮阳，注意通风控水。繁殖方式多为叶插，叶插成功率之高堪比白牡丹。

林赛 /*Echeveria lindsayana*

原产地：墨西哥　品种类型：春秋型种

林赛形态和吉娃娃有点相似，叶片颜色为粉绿至粉蓝，叶尖和叶缘泛红，叶面有白色粉末。春季开花，花为总状花序，钟型小花，花色为黄色和橙色。喜光照也耐阴，在充足的光照下，叶色变得较粉蓝，叶片更包，叶尖和叶缘的红晕明显。光照较少的情况，叶色更粉绿，株型更如盛开的花朵。夏季休眠，春秋季为生长季，夏季要注意通风遮阳控水。繁殖可选择枝插或叶插，繁殖期间，应放置于通风明亮且无直射光处，光照太强或太暗会降低叶插的成功率，可以待小苗长出后，逐渐增加光照。

七福美尼 /*Echeveria sitifukumiama*

园艺品种　品种类型：春秋型种

七福美尼是七福神和姬莲的杂交后代，产于日本，所以名字也很具有日本特色。七福美尼喜欢阳光充足和温暖干燥的环境，耐干旱，不耐寒，稍耐半阴。春秋季节增加光照时间则叶片颜色可变红，表面带有淡淡的白色粉末。繁殖方法为扦插，可在生长期初取成熟而完整的叶片进行扦插，也可以顶芽插。

高砂之翁 /*Echeveria cv Takasagono-okina*

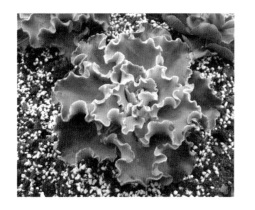

原产地：墨西哥　品种类型：春秋型种

高砂之翁茎部粗壮，叶片为圆形，呈莲座状密集排列，叶缘有大波浪状皱褶。叶色为翠绿至红褐色，新叶色浅、老叶色深。光照强烈或昼夜温差大或冬季低温时叶色深红，光线较弱则叶色浅绿。叶缘常会显现为粉红色，叶面有微白的粉，老叶的白色粉末未掉落后呈光滑状。夏季开花，花为聚伞花序，钟形，橘色。喜欢阳光充足的环境。夏季炎热时要注意通风遮阳，避免强烈阳光直射。繁殖采用枝插法与叶插法，全年都可以进行。

月亮仙子 /*Echeveria Moon Fairy*

园艺品种　品种类型：春秋型种

月亮仙子出状态时颜色很"仙"，叶缘为微微的红色，叶面略带白色粉末，但实际情况是比较难养出状态。其叶片大多时候都保持着绿油油的状态。在低温状态下，月亮仙子的叶片会出现红边，但也有的花友反映夏天也会出现红边，这应该跟地域有关系。月亮仙子植株很容易爆芽，繁殖方式为扦插。

红唇 /*Echeveria 'Bella'*

园艺品种　品种类型：春秋型种

红唇叶片颜色犹如红唇般诱人。冬季叶缘会变得更红，有绒毛。喜欢阳光充足、温暖干燥的生长环境，不耐寒，生长季节可以全日照养护，但夏季除外。夏季高温的时候，光照强烈，需要适当遮阳，冬季和春秋季可以全日照，冬季气温较低时，可搬进室内。繁殖方式一般为叶插，成功率较高，注意叶插后不要马上浇水和给予光照，可以先放在通风散光处养护一星期左右，然后再逐渐恢复光照和浇水。

花之鹤 /*Echeveria pallida prince*

园艺品种　品种类型：春秋型种

花之鹤是花月夜和霜之鹤杂交的后代，不仅具有花月夜优雅美丽的基因，而且传承了霜之鹤洒脱大气的血统，外观更接近于霜之鹤。花之鹤比较喜欢阳光充足的环境，不耐低温和曝晒，春秋季节生长较快，夏季生长迟缓。可以露天栽培，但夏季高温时应增加遮阳网并保持通风。冬季应放在室内阳光充足的地方。花之鹤可以采用播种、叶插、顶芽插等方式进行繁殖，叶插和顶芽插后易出现群生的状态，用种子播种则为单株苗。可以利用剥叶、摘下顶芽等方式制造不同姿态的老桩。

卡罗拉 /*Echeveria colorata*

原产地：墨西哥　品种类型：春秋型种

卡罗拉，叶色为深绿色或蓝绿色，叶片为长匙形或倒卵形，紧密排列呈莲座状，先端呈三角形，叶尖为紫红色，叶面有白色粉末。春季开花，花为蝎尾状花序，瓮形橙红色小花。偏好排水良好的沙质土壤，冬季环境温度不低于10℃。和大多数拟石莲花属品种一样，良好的光照能让株型和叶片颜色更令人赏心悦目。繁殖方式主要为叶插和播种。

美尼月迫 /*Echeveria Minima hyb*

园艺品种　品种类型：春秋型种

美尼月迫是姬莲的杂交品种，又名红姬莲。美尼月迫生长非常需要光照，如果光照不足很容易导致叶片发绿，植株整体松散，影响观赏性。美尼月迫叶片比较细长、脆弱，因此并不适合进行叶插繁殖，而更适合通过侧芽插进行。

多明戈 /*Echeveria domingo*

园艺品种　品种类型：春秋型种

多明戈叶片为匙形，叶面光滑且微微覆盖着白色粉末，叶片紧密排列成环形，有叶尖，整个植株叶片微微向叶心合拢。叶片常年为蓝色，叶缘非常薄，有点像刀口，成年叶片轻微有点大皱褶。春秋季为生长期，可以全日照养护。夏天会休眠，注意通风、遮阳和控水。生长速度一般，有粗大的半木质茎。小苗一般不长侧芽，有了粗大的半木质茎后才会萌发侧芽。群生的多明戈非常漂亮，会开穗状倒钟形花。繁殖方式有播种、分株和顶芽插。

剑司 /*Echeveria strictiflora*

园艺品种　品种类型：春秋型种

剑司为中型品种，肉质叶排列成紧密的莲座状。叶片为绿白色，叶面有轻微的白色粉末，叶片向内凹陷生长形成明显的折痕。在强光或温差大时，叶片会出现漂亮的白色，叶形也会更好看。喜欢阳光充足和凉爽干燥的环境，耐半阴，怕水涝，忌闷热潮湿。具有冷凉季节生长，夏季高温休眠的习性。繁殖方式一般是顶芽插和侧芽插，砍下来的顶芽可以直接扦插在干的颗粒土中，发根后可以少量给水。

青渚莲 /*Echeveria setosa var.minor*

园艺品种　品种类型：春秋型种

　　青渚莲叶片多茸毛，其花也是毛茸茸的。喜欢温暖、阳光充足的环境，生长期为春秋季，夏季会休眠，需要给予通风遮阳，少量给水，冬季需维持环境温度为5℃以上。浇水的话是干透才浇透，不干不浇水。浇水时尽量浇在土里，不要浇到花心，因为容易导致其腐烂，单株尤其如此。青渚莲繁殖可采用分株法和叶插。

丹尼尔 /*Echeveria 'Joan Daniel'*

园艺品种　品种类型：春秋型种

　　丹尼尔是其中文音译名，属于中小型品种，叶片呈匙形，顶端有小尖，叶色为绿色，叶面绒状，叶缘有少量绒毛，肉质叶排列成莲座状，叶背中间有一条明显的突棱，叶缘和棱都带有红色。喜欢温暖干燥和阳光充足的环境，耐干旱，不耐寒，可稍耐半阴。花为聚伞花序。春秋季是主要的生长期。夏季高温时有短暂休眠，此时生长缓慢或完全停滞。冬季如果环境温度不低于5℃，可正常浇水。繁殖方式为叶插、顶芽插等，成功率较低，开花植株花柄上的叶片最容易扦插。

粉红台阁 /*Echeveria runyonii cv*

园艺品种　品种类型：春秋型种

　　粉红台阁属中大型品种，叶片为圆形，中间有条凹陷的痕，一直从叶尖连到叶片基部，叶色为深蓝至红褐色，叶片呈莲座状密集排列。叶缘常会显现粉红色。叶面覆盖微微的白色粉末，若叶上的白色粉末掉落后叶片会呈光滑状。茎部粗壮，会随植株生长而伸长。照射强光及昼夜温差大或冬季低温时，叶色会变为深红，弱光时叶色为浅蓝色。夏季开花，花穗状花序，橘色，钟形。繁殖方式为枝插法与叶插法，全年都可以进行。

葡萄 /*Graptoveria amethorum*

园艺品种　品种类型：春秋型种

　　葡萄属中小型品种，叶片呈短匙形，叶面平，叶背突起，有紫红色密集小点，叶色为浅灰绿或浅蓝绿色，叶面光滑有蜡质层，肉质叶呈莲座状排列。花为聚伞花序，倒钟形，红色，顶端为黄色。在强光照射及昼夜温差大或冬季低温叶尖会轻微发红。在充足日照下，株型更紧实美观，叶色也更艳丽。葡萄很容易叶插出苗，但长成成株则需要较长的时间。

茜牡丹 /*Echeveria atropurpurea*

园艺品种　品种类型：春秋型种

　　茜牡丹的叶片常年保持红色，属于耐寒品种。在阳光充足的环境下，颜色会变得更加漂亮鲜艳。喜欢阳光，适合全日照养护，夏季、冬季休眠，春秋两季为生长季节。夏季需要遮阳，减少浇水。冬季放于室内向阳处养护。繁殖方式主要有扦插、分株，扦插以叶插为主，分株最好在春天进行。

酥皮鸭 /*Echeveria supia*

园艺品种　品种类型：春秋型种

　　酥皮鸭叶片为广卵形，叶片顶端及叶缘发红，有叶尖，叶背有一条棱，会发红，叶盘呈莲座状。初夏开花。喜欢阳光充足、凉爽干燥的环境，耐半阴，怕水涝，忌闷热潮湿。具有寒凉季节生长，夏季高温休眠的习性。繁殖方式有扦插和分株，可以采用枝插、顶芽插，扦插最好选择在春季和秋季。

5. 景天属

　　景天属是景天科中最大的一个属，约600多种，广布于温带和热带的高山地区。为草本或小灌木植物。叶互生，有时排列成覆瓦状。花为星状，色彩丰富。本属有许多品种适合布置岩石园或作为地被植物，如木瓜等，还有不少具有药用价值。

姬星美人 /*Sedum anglicum*

原产地：西亚、北非　品种类型：春秋型种

　　姬星美人是景天属里较袖珍的一种，非常喜欢阳光充足、温暖干燥的环境，通常情况下叶片为蓝绿色，加大日照会让其叶型紧凑，叶片会部分转为粉色，非常美丽。需要注意的是，姬星美人在生长季节也要保持土干再浇水的原则，否则很容易造成徒长，叶片变得不紧凑，茎干伸长，容易伏倒，当然缺乏光照也会造成这种结果。是较易养护的品种，几乎没有明显的休眠期，全年都在生长。繁殖方式以扦插和分株为主。扦插的具体做法一般是剪切下顶端部分插入土中，也可将成熟完整的叶片洒在沙床上，保持土壤一定湿度即可生根发芽，但由于其叶片较小，后一种方法较为麻烦，并不推荐。

千佛手 /*Sedum sediforme*

原产地：墨西哥　品种类型：春秋型种

　　千佛手又名菊丸、王玉珠帘，叶片细长且密。生长能力较强，几乎没有休眠期。温度过高时会有短暂休眠，此时注意遮阳少水，避免温度过高和潮湿造成腐烂。生长期生长速度很快，可以在很短的时间内长得较长，适合作为垂盆栽培，也可组合盆景。喜欢光照充足的环境，常年为绿色，加大光照的情况下可转为淡红色，非常可爱。繁殖方式以枝插和叶插为主，叶插成功率非常高。

黄丽 /*Sedum adolphii*

原产地：墨西哥　品种类型：春秋型种

黄丽是较常见的多肉植物品种，其金黄色的蜡质外表非常容易吸引眼球。喜欢阳光充足、温暖干燥的环境，全年几乎都在生长，没有明显的休眠期，非常耐高温，但夏季应少浇水，否则容易造成腐烂。一般状态下叶片为绿色，加强日照会慢慢转为金黄色，日照如果持久充足会转为漂亮的红色。春秋两季生长较快，明亮的色泽使其单独栽培或做组合盆景都非常好看。繁殖方式以叶插和枝插为主，叶插成功率很高。

薄雪万年草 /*Sedum hispanicum*

原产地：墨西哥　品种类型：春秋型种

薄雪万年草是非常容易大量繁殖的多肉植物，也是最为出色的盆景搭配植株之一，在有些地方已经被作为绿化植被开始大面积栽培。喜欢阳光充足的环境，全日照下可以保持叶形的紧凑，叶片也会慢慢转为蓝粉色。在缺少光照的情况下也可生长，但会徒长得很厉害，叶形会伸长，变得不再紧凑，容易伏地而生，变得非常难看，而且长时间缺少光照易引起病虫菌害。繁殖方式以扦插为主，一般剪切下顶端部分插入沙土中即可。

黄金万年草 /*Sedum acre 'Gold Moss'*

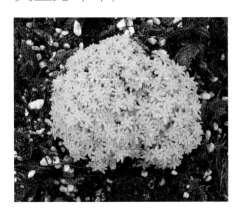

原产地：欧洲　品种类型：春秋型种

和薄雪万年草习性类似，也是较易繁殖的品种。它的叶色是非常抢眼的金黄色，是大众喜欢的一种盆景添景植物，可大规模在家庭花园里作为铺面栽种。喜欢阳光充足、温暖干燥的环境，充足的光照能让它的颜色更加明亮。缺少光照会徒长，颜色变淡，。夏季温度过高时需要适当遮阳，少量浇水，否则很容易闷坏，也容易滋生各种病虫害。繁殖方式以扦插为主，剪切下顶端部分插入沙土中即可。

春之奇迹 /*Sedum versadense v.chontalense*

园艺品种　品种类型：春秋型种

春之奇迹又名薄毛万年草，是较小巧的一种多肉植物，形态及颜色都很惹人喜爱，叶片上有细细的绒毛，正常状态下叶片是绿色，充足的光照和温差大时会慢慢转红。喜欢阳光充足、温暖干燥的环境，较耐旱，对水分比较敏感，生长季节浇水稍多点就会徒长，夏季需要遮阳，否则小株非常容易晒伤、晒死。繁殖方式以枝插为主，也可叶插，叶插小苗，生长缓慢，需细心照料。

珊瑚珠 /*Sedum stahlii*

园艺品种　品种类型：春秋型种

珊瑚珠娇小可爱，犹如一串串葡萄。喜欢阳光充足、温暖干燥的环境，但对土壤的要求不高，喜欢贫瘠点的土壤，土壤稍肥很容易徒长，这时会失去美丽的颜色，叶型松散，茎干伸长，比较难看，加大光照可减慢生长速度，叶色可转为紫红色和红褐色。是较易养护的品种，除夏季高温需适当遮阳外，其他季节都可全日照养护。繁殖方式以扦插为主，易出分枝。

绿龟之卵 /*Sedum hernandezii*

原产地：墨西哥　品种类型：春秋型种

绿龟之卵叶片一年四季均为绿色，叶片为卵圆形，叶面有类似龟纹的小细纹，这正好映衬了其可爱的名字。喜欢阳光充足、温暖干燥的环境，较易照顾，生长速度快，耐旱、耐寒。生长过长时枝干会支撑不起，可做垂盆栽培处理，亦可从中剪掉顶芽做扦插，保持矮小可爱的状态。繁殖方式以枝插和叶插为主，叶插后生长速度较快。

乙女心 /*Sedum pachyphyllum*

原产地：墨西哥　品种类型：春秋型种

　　和八千代很容易混淆的品种，但却因为其光彩动人的颜色和可爱的株型让人不再纠结品种之分。乙女心和八千代的区别主要看叶片大小和形状，还有枝干处是否有新的生长点。乙女心叶片形状要肥大些，且枝干底部易出新的侧芽，八千代则相反。乙女心喜欢阳光充足、温暖干燥的环境，没有明显的休眠期，生长较为迅速，很容易群生。通常乙女心叶片为淡蓝绿色，随着光照增加叶尖会慢慢转为粉红色，直至大红色。繁殖方式以扦插为主，顶芽插和叶插均可，都较为容易。

八千代 /*Sedum corynephyllum*

原产地：墨西哥　品种类型：春秋型种

　　八千代枝干笔直光滑，叶色嫩绿。属于小型肉质灌木，容易群生，喜欢阳光充足、温暖干燥的环境，充足的光照能将叶片顶端晒出醒目的玛瑙红色。夏季高温时会有短暂休眠，需要适当遮阳，少量给水，以免因闷湿而造成植株根部腐烂和病虫害。繁殖方式以扦插为主，繁殖速度比乙女心要慢很多。

新玉坠 /*Sedum burrito*

原产地：墨西哥　品种类型：春秋型种

　　新玉缀形态娇小，叶片圆润，茎干可生长得较长，可作为垂盆植株观赏。喜欢阳光充足、温暖干燥的环境，生长季节应给足阳光，不宜浇水太多，否则易造成徒长，使得叶片间隙扩大，失去应有的粉嫩色彩。在充足的光照下叶色会慢慢变黄，然后转为粉色，甚至能晒出淡淡的红色。夏季高温时会休眠，需要注意遮阳，控制浇水。繁殖方式以枝插为主，从植株中间剪切一段晾干后插入土中即可，也可叶插，但植株因叶片较小，繁殖速度较慢。

春萌/*Sedum 'Alice Evans'*

园艺品种　品种类型：春秋型种

春萌叶色为绿色至黄绿色，叶片为长卵形，呈莲花状排列。在光照强烈和昼夜温差大的情况下，叶片会呈现果冻般的透明状，萌态十足。在光照不足的情况下，叶片颜色为绿色。春季开花，花为总状花序，钟形小花，白色。喜欢阳光充足、温暖、干燥和通风的环境，耐旱、耐寒、适应力较强，可露养。春、秋两季为生长期，夏季休眠不明显。繁殖方式一般为叶插或枝插，繁殖相对容易。

塔洛克/*Sedum Joyce Tulloch*

园艺品种　品种类型：春秋型种

塔洛克又名乔伊斯·塔洛克，是密叶莲的杂交品种。叶片皮实，有光泽的绿色，很容易群生，温差较大或光照充足时，会呈现红色。花期为四五月，花为聚伞花序，白色。喜欢阳光充足、干燥、通风的环境。适宜露天栽培，忌闷热潮湿，生长适宜温度为15℃~30℃。繁殖方式主要为叶插和枝插。

虹之玉/*Sedum rubrotinctum*

原产地：墨西哥　品种类型：春秋型种

虹之玉的叶片呈圆筒形或卵形，肉质叶膨大互生，多分枝，叶表皮光亮，在阳光充足的条件下会转为红褐色。开淡黄红色小花。喜欢温暖及昼夜温差明显的环境。生长速度比较快。春、夏季是其主要的生长期，冬季保持环境温度在5℃以上即可安全越冬。繁殖方式主要为扦插，茎插和叶插都可以。

天使之泪 /*Sedum treleasei*

原产地：墨西哥　品种类型：春秋型种

天使之泪也叫圆叶八千代，叶片肥厚，叶色为翠绿色至嫩黄绿色，基本不会变色，叶面覆有细微的白色粉末，老叶的白色粉末掉落后呈光滑状。茎部不太粗但能够形成木质茎干，随着时间的推移植株会逐渐群生。在光照强烈、昼夜温差大或冬季低温时，叶片为微嫩黄色，非常迷人，光照弱时，叶色为浅绿色或绿色，叶片拉长。除夏季要注意适当遮阳外，其他季节都可以全日照养护。繁殖方式主要为枝插和叶插，全年都可以进行。

铭月 /*Sedum nussbaumerianum*

原产地：墨西哥　品种类型：春秋型种

铭月与黄丽相似，但叶片比黄丽更细长一些。叶片表面有蜡质感，一般都是绿色至黄色，叶缘在阳光下会出现轻微的粉红或黄红色，在冬季温差大时，叶片两侧会出现明显的红色，比较耐看。花为散开的簇状花序，白色。喜欢光照，不耐阴，稍耐半阴，但是在半阴处养护较长时间时容易徒长，对水分需求不大，几乎全年都在生长。繁殖方式为叶插扦插，比较容易繁殖。

劳尔 /*Sedum clavatum*

原产地：墨西哥　品种类型：春秋型种

劳尔的茎粗壮，叶形圆润且肥厚饱满，叶色呈灰蓝绿色，叶面有白色粉末。劳尔气味恬淡清新，是被人熟知的芳香景天之一。春季开花，花为白色星形，花团比较紧簇，肉质花托也十分可爱。喜欢阳光充足和凉爽、干燥的环境，可用排水良好的沙质土壤栽培。繁殖方式主要为叶插和枝插。

6. 风车草属

　　风车草属多肉植物的株形同拟石莲花属植物极为相似，但风车草属植物开的花不是瓶状花或钟状花，而是星状花。花瓣有蜡质感，有红色斑点。叶片排列成延长的莲座状，叶面有白色粉末，有的品种叶尖有须。

姬秋丽 /*Graptopetalum mendozae*

原产地：墨西哥、北美洲　品种类型：春秋型种

　　姬秋丽的叶片小巧圆润，株型紧凑，颜色艳丽且富于变化，随着不同季节光照和温度的变化会呈现出淡绿、嫩黄、粉红、橘红等颜色，特别是在春秋季节其粉红色的叶片娇艳欲滴，总有一种想捧在手心的冲动，是风车草属里相当让人爱怜的迷你品种。需要注意的是，叶片很容易被碰落，缺光会导致叶片松散，缺乏光泽。喜欢阳光充足、凉爽通风的环境，夏季气温在35℃以上会休眠，休眠期应减少浇水频率，放在通风阴凉的地方，避免曝晒，冬季生长环境温度一般不低于5℃。姬秋丽的生命力相当顽强，其叶片虽小，生根发芽却更容易，繁殖方式以叶插为主，成功率极高。

姬胧月 /*Graptopetalum 'BRONZ'*

原产地：墨西哥、北美洲　品种类型：春秋型种

　　姬胧月与拟石莲花属多肉植物株型十分相似，区别在于姬胧月的花为星状花序。姬胧月的叶表有一层较厚的白色蜡质，能防止水分蒸发，所以其具有很强的抗旱能力。叶色为深朱红色，在缺少光照的情况下，叶心的颜色会转为绿色。喜欢日照充足和凉爽通风的环境，盛夏温度在35℃以上会休眠，休眠时应减少浇水频率和浇水量，浇水时在避免水分长时间停留在叶片上，特别是避免叶心积水，因为这会导致植物生病死亡。冬季生长环境温度一般不低于5℃。繁殖方式以叶插为主，成活率高。

蔓莲 /*Graptopetalum macdougallii*

原产地：墨西哥、北美洲　品种类型：春秋型种

　　蔓莲叶色为浅绿色，稍泛白，光照充足时叶缘会略显粉红色，叶片顶端尖而细长，喜欢阳光充足、温暖干燥的环境，在春、秋两季生长迅速，休眠期主要在盛夏，应放在通风阴凉处，减少浇水频率，保持盆土稍微干燥些，冬季生长环境温度一般不低于5℃。蔓莲很容易生出蔓茎，从紧密的叶间长出新芽。繁殖方式以茎插、叶插为主，成功率高。

华丽风车 /*Graptopetalum pentandrum superbum*

园艺品种　品种类型：春秋型种

　　华丽风车的叶片整体横向水平生长，宛如风车状，趣味性十足。叶色为浅粉色，叶表有一层白色粉末。华丽风车一年四季的颜色变化不是特别明显，光照充足时颜色偏粉红，富有光泽感，缺少光照则偏灰粉色，缺少光泽。喜欢阳光充足、温暖干燥的环境，生长适宜温度10℃~30℃，耐干旱，冬季生长环境温度一般不低于5℃。夏季高温休眠时最好放在通风阴凉处，减少浇水频率。浇水时要注意防止叶表的白色粉末被水冲掉以免影响美观。繁殖方式以叶插为主，成功率高。

美丽莲 /*Graptopetalum bellum*

原产地：墨西哥　品种类型：春秋型种

　　美丽莲的叶片为卵形，顶端有小尖，叶色为灰绿色至灰褐色，叶片呈莲座状排列。花为星状花序，深粉红色。喜欢阳光充足和温暖干燥的环境，耐干旱，忌水湿。春、秋两季是其生长旺盛期。不宜长期放在荫蔽处，否则会导致其株形松散、叶片稀疏、难以开花。平时浇水不宜过多，以免因土壤过湿而引起植株腐烂。繁殖方式主要为叶插，还可结合换盆进行分株。

银天女/*Graptopetalum rusbyi*

原产地：美国　品种类型：春秋型种

银天女株型娇小，叶片排列呈莲座状，叶尖突出为细长三角状。在最佳状态下叶片呈淡紫色稍偏红色，其时叶尖的粉红色特别明显。与其他风车草属多肉植物不同的是，银天女具有肥厚的块根。喜欢阳光充足、温暖干燥的环境，生长适宜温度为10℃~30℃，耐干旱，冬季生长环境温度一般不低于0℃。夏季高温休眠时最好放在通风阴凉处，减少浇水频率。繁殖方式以叶插为主，成功率高。

蓝豆/*Graptopetalum pachyphyllum'Bluebean'*

原产地：墨西哥　品种类型：春秋型种

蓝豆的叶片呈长圆形，为环状对生，先端微尖，叶片颜色为淡蓝色，叶表覆盖有白色粉末。在光照强烈、昼夜温差大或冬季低温时，叶片颜色会变为非常漂亮的蓝白色，叶尖有轻微的红褐色。花为簇状花序，红白相间，五角形。在日照充足的情况下，株型会更紧实美观，叶色会艳丽。 冬季要防冻，夏季防曝晒。繁殖方式主要为叶插法和砍掉顶芽以长出侧芽法，全年都可进行。

胧月/*Graptopetalum paraguayense*

原产地：墨西哥　品种类型：春秋型种

胧月又称粉叶石莲花，宝石花、粉瓦莲，是国内最常见的多肉植物。叶片肥厚无柄，叶色为灰蓝色，在阳光充足时呈粉红色，叶片排列形状有点像风车。春季开花，花为五星形，白色。适应力很强，对环境要求不高。喜欢全光照、通风的环境，耐干旱，忌阴湿。繁殖方式主要为扦插，极易繁殖，叶片掉落即能生出新植株，也容易自行分株进行繁殖。

桃之卵/*Graptopetalum amethystinum*

原产地：墨西哥　品种类型：春秋型种

　　桃之卵的叶子有微微的白色粉末，叶片在不同状态下呈现淡粉、粉红或紫红色。喜欢光照充足、温暖干燥的环境，耐旱性强，喜欢排水、透气性良好的疏松土壤，无明显休眠期。在光照充分的条件下，株型更加美观紧凑，叶片会呈现出令人沉醉的粉红色，鲜艳动人。在缺少光照时，叶片扁平稀疏，呈现浅绿色。夏季高温时会有短暂休眠，其余时间都在生长。可采用茎插、叶插和播种的方式繁殖。

7. 厚叶草属

　　厚叶草属仅10余种，主要产自墨西哥。其为多年生肉质草本植物，短茎直立，肉质叶互生，排成延长的莲座状，叶片为倒卵形或纺锤形，表面覆盖着白色粉末。花为蝎尾状聚伞花序，钟形小花，红色。

千代田之松/*Pachyphytum compactum*

原产地：墨西哥　品种类型：春秋型种

　　千代田之松为小型多肉植物，叶片肥厚圆润，呈圆柱状互生，叶背有棱线。叶表光滑，有微量白色粉末，叶色为草绿色至墨绿色。喜欢温暖干燥和阳光充足的环境，耐旱、耐半阴、不耐水湿，无明显休眠期，因此，需要放在阳光充足的地方种植，若光线不足，则茎会伸长，植物形状松散。春、秋两季可充分浇水，夏季要遮阳通风并减少浇水，冬季维持环境温度5℃以上。适合与迷你多肉植物组合栽培，单独栽培的效果也很不错。主要使用扦插进行繁殖。

桃美人 /*Pachyphytum oviferum cv. Tsukibijin*

园艺品种　品种类型：夏型种

桃美人叶片呈圆润的卵形，与星美人相似，颜色为新鲜柔嫩的粉红色，叶表有一层淡淡的白色粉末，植株圆润可爱，是典型的小萌物。喜欢阳光充足、温暖干燥的环境，耐干旱，不耐寒，冬季生长温度一般不低于5℃，夏季高温时注意通风遮阳，冬季和夏季养护时应减少浇水，保持盆土稍微干燥些。繁殖方式以叶插、顶芽插为主，成功率高。

星美人 /*Pachyphytum oviferum*

原产地：墨西哥　品种类型：夏型种

浅浅的红晕从叶尖蔓延出来，肥厚的长圆形叶片上覆有一层纯白色的霜粉，这些都使星美人具有一种纯洁淡雅的气质。星美人喜欢阳光充足、温暖干燥的环境，耐干旱，不耐寒，冬季生长温度一般不低于5℃。夏季高温时注意通风遮阳，冬季和夏季养护时应减少浇水，保持盆土稍微干燥些。生长缓慢，容易保持植株形态，阳光充足时叶表有光泽感，叶尖红晕更明显。繁殖方式以叶插、顶芽插为主，成功率高。

青星美人 /*Pachyphytum 'Dr Cornelius'*

原产地：墨西哥　品种类型：夏型种

青星美人与星美人在整体上有点相似，但是青星美人叶片稍大，叶尖棱角更明显，叶片颜色以青绿色为主。叶尖会有胭脂红点，在充足的光照下，胭脂红点会以叶尖为中心延伸到叶尖周围。喜欢阳光充足、干燥通风的环境，耐干旱，生命力比星美人更顽强，盛夏时节需注意通风、遮阳，冬季生长温度不低于5℃。繁殖方式以叶插、顶芽插为主，成功率高。

冬美人 /*Pachyveria pachyphytoides Walth*

原产地：美洲　品种类型：夏型种

在厚叶草属中，冬美人的生命力相当顽强，很多地方都能种植，是相当常见的品种。与星美人颜色相近，叶缘略显淡粉红色，叶表有一层淡淡的霜粉，叶形略显宽长，叶尖稍尖，莲座更明显，但星美人叶片更肥厚。对生长环境要求不高，耐干旱能力强，生长迅速，没有明显休眠期，能在恶劣的环境中正常生长，属于很好养活的品种。繁殖方式以叶插、顶芽插为主，成功率高。

兰黛莲 /*Pachyveria glauca*

园艺品种　品种类型：春秋型种

兰黛莲叶片表面光滑，有微微的白色粉末，排列呈环状，颜色为绿色至墨绿色。初夏开花，花为簇状花序，倒钟形，红色，可以异花授粉。在阳光充足的情况下，叶片排列紧密，叶缘和叶尖会变为黄红色，光照较弱时，叶色为浅绿色，叶片变得窄长且松散。兰黛莲对日照需求较多，对水分需求不多，正常浇水即可。繁殖方法主要有播种和分株、顶芽插、叶插。

群雀 /*Pachyphytum hookeri*

原产地：墨西哥　品种类型：春秋型种

群雀的叶片肥厚，叶色为绿色或蓝绿色，在室外生长时偏蓝绿色，室内生长时偏绿色。来自墨西哥，生长于海拔800~1200米岩石上。喜欢阳光充足、土壤疏松的环境，耐旱，可以在干旱季节保持很长时间不用浇水。容易繁殖，通常在春季和夏季进行扦插繁殖。

8. 瓦松属

　　瓦松属的叶片排列成小莲座状，开花时，叶盘向上延长抽出花序，开花后通常死亡，靠植株基部的蘖芽延续后代。分布在亚洲，种类较多，但观赏性不强。瓦松属主要被栽培的是一些园艺变种，如富士和凤凰等。

子持年华/*Orostachys boehmeri*

原产地：日本　品种类型：夏型种

　　子持年华本名子持莲华、白蔓莲，但大家最喜欢叫它另一个富有诗意的名字"子持年华"。它是瓦松属最知名的品种，是一款呈莲座状的迷你多肉植物，叶片为青灰色或绿色，叶表有一层薄薄的白色粉末，最特别的是极易产生许多放射状匍匐走茎的侧芽，容易群生。花期一般为秋季，开花后母株会死亡，生命会延续到侧芽上，可在开花初期剪掉花苞避免母株死亡。喜欢阳光充足、干燥通风的环境，生长迅速，耐干旱和高温环境，也比较耐寒。盛夏和寒冬为休眠季节，应减少浇水，放在室内通风阴凉处。繁殖方式以侧芽分株为主，成功率高。

凤凰/*Orostachys iwarenge f.variegata'Howow'*

园艺品种　品种类型：夏型种

　　凤凰是日本培育的黄中斑品种。叶片细腻，表面有一层淡淡的白色粉末，中间为黄色，叶缘为绿色，叶片排列呈莲座状，清丽精美。喜欢通风凉爽、光线柔和的环境，生长适宜温度为15℃~25℃。对夏季高温闷湿的环境敏感，盛夏是其最难熬的时候，处于休眠状态，应放在通风阴凉处，避免阳光直射，减少浇水量。开花后一般会死亡，应在开花前应去掉花苞，减少损失。繁殖方式以侧芽插、顶芽插为主，成功率高。

绿凤凰 /*Orostachys iwarenge*

园艺品种　品种类型：夏型种

绿凤凰也叫玄海岩、青凤凰，是无斑锦品种，叶表有细腻的白色粉末，叶色在最佳状态下为浅绿偏明黄色。株型和习性与凤凰、富士相似，但因为没有斑锦，玄海岩更容易养护一些。喜欢通风凉爽、光线柔和的环境，生长适宜温度为15℃~25℃，在春秋季生长旺季，可以全日照养护，应给予充足的水分，盛夏休眠期需注意通风、遮阳、控水。开花后植株一般死亡，应在开花前将花苞去掉。繁殖方式以侧芽插、顶芽插为主，成功率高。

富士 /*Orostachys iwarenge f.variegata"Fuji"*

园艺品种　品种类型：夏型种

富士与凤凰株型十分相似，也是人工培育品种，明显的区别是富士的叶缘为白色，叶片中间为绿色。喜欢通风凉爽、光线柔和的环境，生长适宜温度为15℃~25℃，春、秋季为生长旺季，可以全日照养护，应给予充足的水分，盛夏为休眠期，需特别注意通风、遮阳、控水。开花后植株一般会死亡，应在开花前将花苞去掉。繁殖方式以侧芽插、顶芽插为主，成功率高。

瓦松 /*Orostachys spinosa*

原产地：中国　品种类型：夏型种

瓦松为多年生肉质草本植物。茎略斜生，呈绿色。基部叶排列成紧密的莲座状，茎上叶片呈倒卵形。花梗侧生于茎上，有肥大穗状的圆锥花序。常见于我国山区碎石堆、无树遮蔽的丘陵、岩石裸露的山坡，老房子的屋瓦上。多用种子繁殖，少数用侧芽或叶片进行扦插繁殖。

9. 长生草属

　　长生草属原始种仅40余种，产于欧洲和亚洲的高加索地区。经多年杂交育种，目前有250多个品种可以栽培。长生草属为低矮的肉质草本植物，叶片数量多，呈披针形，排列成旋叠马标准的莲座状，因此也常被称为佛座莲或观音座莲。少数种叶尖有丝状毛，更多的叶尖为美丽的红色。是很有推广价值的景天科多肉植物。

观音莲 /*Sempervivum tectorum*

原产地：欧洲　品种类型：春秋型种

　　观音莲是国内最常见的多肉植物之一，属于高山性多肉植物。十分好养，其排列成观音莲座状的叶片在日照充足的环境中渐渐被抹上紫红色，极为别致，此时状态最美。喜欢阳光充足和干燥通风的环境，耐干旱、寒冷和高温，极易群生，养护时注意避免根部积水，防止其腐烂，生长期给予充足日照，长时间日照不足会导致植株徒长，株型松散。繁殖方式以分株为主，成功率高。

红卷绢 /*Sempervivum arachnoideum 'Rubrum'*

园艺品种　品种类型：春秋型种

　　红卷绢与观音莲一样原产于欧洲高山地区，但其叶片比观音莲小，排列更紧密。叶片顶端生有白色绒毛，易群生，夏季一般为绿色，而在秋、冬季日照充足但气候寒凉时全株渐渐变为紫红色，美丽雅致。喜欢阳光充足和干燥通风的环境，耐干旱、寒冷和高温，夏季高温时会短暂休眠，休眠期应保持盆土干燥，放于通风阴凉处，避免正午阳光直射，冬季保持环境温度在0℃以上和盆土干燥即可安全过冬。繁殖方式以分株为主，成功率极高。

蛛丝卷娟 /*Sempervivum arachnoideum*

原产地：欧洲　品种类型：春秋型种

蛛丝卷绢与红卷绢相似，在秋、冬季的充足阳光下叶片会渐渐变为紫红色，但特别的是其叶尖会生出白丝，且白丝会缠绕连接成蜘蛛网状，奇特而富有趣味。喜欢阳光充足和干燥通风的环境，生长迅速，极易群生，开花后母株会死亡。夏季休眠，高温时应放于通风阴凉处，减少浇水量，冬季环境温度应保持在0℃以上，保持盆土干燥即可安全过冬。繁殖方式以分株为主，成功率极高。

10. 天锦章属

天锦章属为肉质草本或亚灌木植物，茎极短，茎上有具红褐色气根，肉质叶互生，花小而苞淡，寿命极长。原产南非和纳米比亚。

库珀天锦章 /*Adromischus cooperi*

原产地：南非　品种类型：春秋型种

库珀天锦章植株矮小紧致，叶片肥厚奇特，光滑而富有光泽，为灰绿色，表面附有暗紫色斑点，大致为长圆筒形，顶端扁平，且叶缘呈波浪形。喜欢阳光充足、凉爽干燥的环境，耐干旱，夏季高温时会短暂休眠，宜保持通风，避免烈日曝晒，减少浇水频率和浇水量。春、秋季为生长旺季，应给予充足日照，浇水应采取"不干不浇，干则浇透"的原则。寒冬时节保持盆土干燥，日照充足，减少浇水，尽量保持环境温度在5℃以上。繁殖方式以叶插为主，成功率高。

11. 青锁龙属

青锁龙属是一个有250~300种的大属，分布于全球各地。其为草本或灌木植物，有形态大小各异的肉质叶，叶片对生或交互对生。花为聚伞花序，小花，白色、黄色或粉红色。作为一般多肉植物栽培的，为原产南非、株形矮小的种类。

小米星 / *Crassula rupestris 'TOMTHUMB'*

原产地：南非　品种类型：春秋型种

在青锁龙属多肉植物中，小米星是让人看一眼就无法忘记的品种之一。其每对似三角状的叶片交互对生与茎紧密相连，叶片嫩黄，叶缘有一圈红边，十分精致可爱。它是多年生草本植物，容易丛生，喜欢阳光充足、干燥凉爽的环境。繁殖方式以枝插为主，具体做法是从母株上剪下一小段，在通风阴凉处放1~2天，等伤口愈合后就可以插在土里，容易成功。

方鳞绿塔 / *Crassula pyramidalis Thunb.Y*

原产地：南非、纳米比亚　品种类型：春秋型种

方鳞绿塔属于典型"绿叶"型多肉植物，四季常绿，是多肉植物盆景最佳"配角"之一。其属多年生草本植物，茎叶丛生，喜欢通风、干燥、凉爽的环境，可以半阴养植，但在缺少日照的情况下容易徒长，导致节间距离拉长，失去叶片整齐紧密排列的美感。在生长季生长迅速，容易产生侧芽，形成群生效果，但株型会变得比较凌乱，需要修剪侧芽分枝。花期为初夏，开黄色小花。繁殖方式主要为扦插，成功率高。

若绿 /*Crassula muscosa 'purpusii'*

原产地：南非、纳米比亚　品种类型：春秋型种

　　与方鳞绿塔的株型、习性十分相似，同为多肉植物盆景的最佳"配角"之一，但若绿的叶片要小很多，叶与叶之间包裹得更紧密，整株更显纤瘦。养护与繁殖方法可参照方鳞绿塔。

绒针 /*Crassula mesembrianthoides subsp. Hispida*

原产地：南非　品种类型：冬型种

　　绒针通常为绿色，加大日照能变为橘黄色，喜欢干燥温暖的环境，不耐低温，无明显休眠期，较易繁殖。繁殖方式主要为扦插。

神刀 /*Crassula falcata*

原产地：南非　品种类型：夏型种

　　神刀叶片相当肥厚多汁，似镰刀状，叶缘薄如刀锋。通常为绿色，花期主要在夏、秋季，花为橘红色或大红色，非常漂亮。喜欢温暖干燥和半阴环境。不耐寒，耐干旱和怕水湿。繁殖方式主要为扦插和播种。

火祭 /*Crassula erosula 'Campfire'*

原产地：南非　品种类型：冬型种

　　火祭在日照充足、温差较大的冬季环境中叶片会渐渐由绿色变成红色，似一团熊熊上升的火焰，生机盎然，属于典型的"冬季火焰系"。火祭生长迅速，容易丛生，极易养护，叶片交互对生，在充足日照下叶片排列，紧凑美观，但在生长季缺少日照的情况下，容易徒长，导致叶间距拉大，失去美感。喜欢凉爽干燥和日照充足的环境，夏季高温时需稍遮阴，减少浇水量，冬季避免盆土积水，环境温度在0℃以上即可安全过冬。繁殖方式以叶插、顶芽插为主，成功率极高。

赤鬼城 /*Crassula fusca*

原产地：南非　品种类型：夏型种

　　赤鬼城与火祭的外观和生长习性相似，同样属于"冬季火焰系"品种，不过它的叶片稍细窄，但更为肥厚。喜欢凉爽干燥和日照充足的环境，养护与繁殖方式可以参照火祭。

红稚儿 /*Crassula pubescens subsp. Radicans*

原产地：南非　品种类型：夏型种

　　红稚儿也属于"冬季火焰系"品种之一，叶片细小扁平，密集紧凑，冬季则一片红艳。它的花很美丽，白色的小花堆积成团，似万千红中星点白，耀眼夺目。喜欢凉爽干燥和阳光充足的环境，生长迅速，易丛生，生长期应给予充足水分，夏季高温时应避免正午太阳直射，放于阴凉通风处，冬季避免盆土积水，环境温度在0℃以上即可安全过冬。繁殖方式以分株、顶芽插为主，成功率极高。

茜之塔 /*Crassula corymbulosa*

原产地：南非　品种类型：夏型种

茜之塔意为红色的塔，叶片十字对生，层层相叠成宝塔状，在低温和充足的日照下整株会变成红色，属于"冬季火焰系"品种之一。喜欢凉爽干燥和阳光充足的环境，耐干旱和半阴环境。缺少日照会导致叶片颜色偏暗，叶间距拉大，失去美感。夏季高温时需遮阴，放于通风阴凉处，冬季环境温度应维持在5℃以上，保持盆土干燥。繁殖方式以顶芽插为主，成功率高。

龙宫城 /*Crassula Ivory Pagoda*

园艺品种　品种类型：冬型种

龙宫城是小夜衣和稚儿姿杂交的园艺品种，叶片对生，紧密排列呈塔状，叶面多褶皱和白色小点，喜欢温暖干燥和阳光充足的环境。繁殖方式主要为扦插。

吕千惠 /*Crassula Morgan Beauty*

园艺品种　品种类型：冬型种

吕千惠叶片为圆弧状，一般四角对生，呈叠加状态。喜欢温暖干燥和阳光充足的环境，加强日照时叶片会呈淡粉色，叶面多白色小点，花类似神刀的花，由无数小红花簇拥而成。繁殖方式主要为扦插。

白鹭 /*Crassula deltoidea*

原产地：纳米比亚　品种类型：冬型种

白鹭叶片肥厚，对生，呈三角形，叶表有细密排列的白色小颗粒，有点像白色的粉和不规则的凹点。生长较快，容易群生。花为纯白色，花瓣五角星形。授粉必须是异花受粉，春、秋季是生长期，可以全日照养护。夏天会轻微休眠，需通风遮阳。繁殖方式有播种和分株、顶芽插。

若歌诗 /*Crassula rogersii*

原产地：非洲南部　品种类型：冬型种

若歌诗茎叶丛生，四季碧绿，形如石松。秋季会开淡绿色小花，雅致可爱。喜欢温暖干燥和阳光充足的环境。怕低温和霜雪，耐半阴。冬季生长环境温度不应低于5℃。盆栽应选用排水良好、疏松和较肥沃的沙壤土。繁殖方式主要为扦插，全年均能进行，春、秋季生根快，成活率高。

钱串 /*Crassula perforata ssp. kougaensis*

原产地：南非　品种类型：冬型种

钱串，又名串钱景天、星乙女，叶片呈卵圆状三角形，无叶柄，交互对生，叶色为灰绿至浅绿色，叶缘稍具红色。喜欢阳光充足和凉爽干燥的环境，耐半阴，怕水涝，忌闷热潮湿。具有冷凉季节生长，夏季高温休眠的习性。在阳光充足处生长的植株，株型矮壮，茎节之间排列紧凑。生命力旺盛，易成活，比较容易长出新芽。繁殖方式以茎插、叶插为主。

雨心 /*Crassula Volkensii*

原产地：南非　品种类型：冬型种

雨心，又名紫雨心，叶片为梭形，对生，排列较紧密，绿色的叶片正面有浅褐色或紫褐色的细密点状斑纹，犹如丝丝雨点在叶面上留下的痕迹。雨心多分枝，易丛生。春季开花，花开在枝叶顶端，白色小花。喜欢阳光充足和凉爽的环境，耐寒、耐热和耐阴性较强，是比较好养的品种。繁殖方式以分株和扦插为主。

筒叶花月 /*rassula oblique 'Gollum'*

原产地：南非　品种类型：冬型种

筒叶花月，又名吸财树，别名玉树卷。肉质叶呈筒状，互生，在茎或分枝顶端密集成簇生长，叶色鲜绿，顶端微黄。茎干明显，表皮为黄褐色或灰褐色。喜欢温暖干燥和阳光充足的环境，耐干旱和半阴，不耐寒。盛夏高温时要避免烈日曝晒，其他季节要给予充足的光照。繁殖方式一般采用顶芽插、茎插、叶插也可。

纪之川 /*Crassula 'Moonglow'*

园艺品种　品种类型：冬型种

纪之川的叶片层层紧密排列，交互对生，叶色常年灰绿色，微微有点绒毛。植株叶片组成近似正方形形状，侧看就像一座塔。喜欢干燥和阳光充足的环境，春、秋季可以全日照养护，夏季有轻微休眠，可放置于半阴处，注意通风。花为乳白色。繁殖方式一般采用播种、分株和顶芽插。

12. 伽蓝菜属

　　伽蓝菜属又称高凉菜属，为肉质草本、亚灌木或藤本植物。叶片轮生或交互对生，很多种的叶尖有不定芽，能发育成小植株。花为顶生圆锥花序或聚伞花序，花瓣和萼片均为4枚。本属有200多种，主要分布在马达加斯加岛和热带非洲，少数在亚洲。

唐印 /*Kalanchoe thyrsifolia*

原产地：南非　品种类型：夏型种

　　唐印的名字很有中国风的感觉，是较早引入国内的常见品种，叶片通常为绿色，叶面和茎干上都带有薄薄的白色粉末，浇水时应避免直接浇在叶面上，以免影响其观赏性。喜欢温暖、干燥、阳光充足的环境，充足的日照能让整个植株慢慢变为大红色。生长迅速，生长过快时叶面会转为绿色，生长季节可适当减少浇水频率，以控制因株型生长过快引起的变化。繁殖方式以分株为主。

玉吊钟 /*Kalanchoe thyrsifolia*

原产地：马达加斯加岛　品种类型：夏型种

　　玉吊钟叶缘带有白色的斑锦，充足的日照会使其叶片转为粉色和红色，这是其主要观赏点。喜欢阳光充足，温暖干燥的环境，但害怕烈日曝晒，高温环境下很难存活，冬季不太耐寒，害怕风霜雨水，需搬入室内养护。繁殖方式以扦插为主，剪切一小段茎插入土中即可。

宽叶不死鸟 /*Kalanchoe daigremontiana*

原产地：马达加斯加岛　品种类型：夏型种

宽叶不死鸟也被称为"大叶落地生根"，其生长繁殖能力正如其名，非常强大。叶片上生有许多小苗，犹如蕾丝边，形成独特的观赏性，这些小苗落在地上就能生根发芽，形成新的植株。生长速度很快，但如果生长太快叶色会变得较为难看，可通过减少浇水频率控制其生长。几乎没有休眠期，全年都会生长，是非常容易培养的品种。繁殖方式以蘖芽插为主，采下其叶面上的小苗插入土中即可，成功率比较高。

月兔耳 /*Kalanchoe thyrsifolia*

原产地：马达加斯加岛　品种类型：夏型种

月兔耳非常可爱，其绒绒的叶面和叶片顶端的小褐斑点看起来就像兔子的耳朵，所以被称为月兔耳。喜欢阳光充足、温暖干燥和凉爽通风的环境，非常害怕闷热潮湿的环境，夏季高温需要注意遮阴和控制浇水频率，生长季节所需水分不多，保持土壤微微湿润即可，水分过多和缺乏日照会让植株叶间距加大，茎干变长且脆弱。繁殖方式以扦插为主，生长期剪取分枝或植株中间茎段晾凉后插入土中即可，大量繁殖时以叶插为主，很容易成功。

孙悟空 /*Kalanchoe tometosa 'Gorden Rabbit'*

原产地：马达加斯加岛　品种类型：夏型种

孙悟空又名黄金月兔耳，是月兔耳的一个变种。其为褐斑伽蓝菜属多年生中型多肉植物品种，叶片形状像兔子耳朵，叶表有绒毛，叶缘有褐色斑纹。新叶为金黄色，老叶微微带有黄褐色，叶尖为圆形，整个植株和《西游记》中孙悟空有几分相似，因此而得名。喜欢阳光充足的环境，夏季要适当遮阴，但不能过于荫蔽，否则会出现徒长。繁殖方式以扦插为主，容易成活。

13. 银波锦属

银波锦属为矮灌木植物，多分枝。叶片肉质化，对生，叶面有毛。花为钟形，色鲜艳。产于阿拉伯半岛、南非和纳米比亚。

熊童子 /*Cotyledon tomentosa*

原产地：纳米比亚　品种类型：冬型种

熊童子属于矮小灌木型多肉植物，因叶形似熊爪而得名。叶片通常呈绿色，叶面有绒毛，在春、秋、冬季的日照下叶片呈嫩黄色，叶尖的突出点变为红色，像极了卡通版熊爪，特别可爱。喜欢日照充足、凉爽通风的环境，耐干旱和半阴环境，生长能力强，易群生。盛夏时节会休眠，应放于通风阴凉处，减少浇水频率和浇水量，冬季生长环境温度一般不应低于5℃。需要特别注意的是，熊童子容易掉叶，尽量不要触碰叶片。繁殖方式以顶芽插、播种为主，成活率高。

银波锦 /*Cotyledon undulate*

原产地：南非　品种类型：冬型种

银波锦叶片呈扇形，叶缘有波浪状褶皱。叶面有一层厚厚的白色粉末，褪去白色粉末，叶片本身呈青绿色。喜欢日照充足、凉爽通风的环境，耐干旱和半阴环境，生长迅速，养护简单。盛夏时节会休眠，应放于通风阴凉处，减少浇水频率和浇水量，每次浇水量不要过多，冬季生长环境温度一般不应低于5℃。需要特别注意的是，尽量不要触碰叶片以及浇水在叶片上，以免破坏粉层影响美观。繁殖方式以顶芽插为主，成活率高。

福娘 /*Cotyledon orbiculata var.dinteri*

原产地：纳米比亚　品种类型：冬型种

福娘也叫丁氏轮回，属于肉质灌木型多肉植物。叶片厚实浑圆呈棒状，憨态可掬，叶片顶端边缘在阳光下会变红，表面有一层白色粉末，十分可爱。喜欢日照充足、凉爽通风的环境，耐干旱，盛夏时节会休眠，应放于通风阴凉处，减少浇水频率和浇水量，冬季生长环境温度一般不应低于5℃。需要特别注意的是，尽量不要触碰叶片以及浇水在叶片上，以免破坏粉层影响美观。繁殖方式以顶芽插、播种为主，成活率高。

乒乓福娘 /*Cotyledon orbiculata cv*

园艺品种　品种类型：冬型种

乒乓福娘叶片为椭圆球形，与福娘相似，但更短小紧凑，其与茎连接紧密，表面为偏青灰色，顶端为暗紫红色，萌味十足。喜欢日照充足、凉爽通风的环境，耐干旱和半阴环境，盛夏时节会休眠，应放于通风阴凉处，减少浇水频率和浇水量，冬季生长环境温度一般不应低于5℃。需要特别注意的是，尽量不要触碰叶片以及浇水在叶片上，以免破坏粉层影响美观。繁殖方式以顶芽插为主，成活率高。

达摩福娘 /*Cotyledon pendens*

原产地：非洲　品种类型：冬型种

在福娘系多肉植物中达摩福娘的叶片最为小巧可爱，叶色为淡绿色或嫩黄色，叶尖突出，在冷凉时节的日照下叶尖及其周围会变为红色。喜欢日照充足、凉爽通风的环境，耐干旱和半阴环境，生长能力强，易群生。盛夏时节会休眠，应放于通风阴凉处，减少浇水频率和浇水量，冬季生长环境温度一般不应低于5℃。繁殖方式以顶芽插为主，成活率高。

轮回 /*Cotyledon orbiculata*

原产地：纳米比亚　品种类型：冬型种

轮回的叶片交互对生，似卵形或长卵形，表面有浓厚的白色粉末，叶缘在春、秋季阳光照射下呈现红色。喜欢日照充足、凉爽通风的环境，耐干旱，盛夏时节会休眠，应放于通风阴凉处，减少浇水频率和浇水量，冬季生长环境温度一般不应低于5℃。需要特别注意的是，由于其叶表粉末较多，尽量不要触碰叶片以及浇水在叶片上，以免破坏粉层影响美观。繁殖方式以顶芽插、播种为主，成活率高。

14.其他科属多肉植物

本节将介绍一些其他科属的多肉植物。

雅乐之舞 /*Portulacaria afra f. variegata*

马齿苋科马齿苋属
原产地：非洲南部　品种类型：夏型种

雅乐之舞是马齿苋科斑锦品种，为多年生肉质小灌木植物。叶片细小而密集，为倒卵形，日照充足时，植株会出现淡黄色、白色、淡黄色与绿色混杂、绿色四种不同状态的叶片，并且新叶边缘会有一层淡淡的红晕。其多年老株的肉质茎会木质化。喜欢阳光充足、温暖干燥的生长环境，生长迅速，耐干旱，夏季高温时节应放于通风阴凉处，闷热潮湿环境容易导致其根部腐烂。冬季需保持盆土干燥，光照充足，减少浇水，保持环境温度在5℃以上。繁殖方式以扦插为主，成功率高。

蓝松 /*Senecio serpens*

菊科千里光属
原产地：南非　品种类型：夏型种

蓝松叶片细长，叶表有一层淡蓝色的粉末，这也是它看起来呈蓝色的原因。其清晰而狭长的脉纹从叶片底部延伸到叶尖，叶尖在光线充足时会呈红色。喜欢阳光充足的环境，生长适宜温度为15℃～30℃，春、秋、夏季生长迅速，根部容易长出侧芽，盛夏时节应防止根部积水，避免腐烂，寒冬季节应减少浇水或停止浇水。繁殖方式以顶芽插或分株为主，成功率高。

银月 /*Senecio haworthii*

菊科千里光属
原产地：纳米比亚　品种类型：冬型种

银月叶片表面覆盖着一层厚厚的白色绒毛，在多肉家族中十分惹人注目，其叶片似弯月状，故美其名曰：银月。喜欢阳光充足、凉爽、通风、干燥的环境，耐干旱，生长期为秋、冬季，夏季休眠。需要注意的是，夏季温度为35℃以上应放置于通风阴凉处，避免正午阳光直射，减少浇水量，防止根部积水腐烂。冬季生长环境温度保持在0℃以上即可安全过冬。繁殖方式以枝插、分株为主，成功率高。

吹雪之松锦 /*Anacampseros telephiastrum 'sunrise'*

马齿苋科回欢草属
原产地：南非　品种类型：夏型种

吹雪之松锦是吹雪之松的斑锦变异品种。叶片肥厚光滑，在日照充足、昼夜温差大的情况下会呈现粉红、嫩黄、绿色等多种颜色斑驳相杂的状态。其茎上长出的许多细长弯卷的白毛它最大的特点。喜欢阳光充足、温暖干燥的生长环境，夏季高温和冬季寒冷时会短暂休眠，夏季应避免正午阳光直射，放于通风阴凉处，减少浇水，保持土壤干燥，冬季环境温度保持在0℃以上即可安全过冬。繁殖方式以分株为主，成功率高。

佛珠 /*Senecio rowleyanus*

菊科千里光属
原产地：纳米比亚　品种类型：冬型种

　　佛珠又名绿之铃、情人泪、翡翠珠等，其宛如翡翠珠子般圆滚滚的绿色叶片在串连匍匐的细茎上，别致而富有趣味，是菊科千里光属常绿蔓性草本植物。用大量的绿之铃垂吊着栽培，植株会像瀑布般垂落下来。喜欢阳光充足、温暖通风的生长环境，生长适宜温度在10℃~30℃，栽培以排水性良好的沙质土壤为宜，应避免根部积水导致根系腐烂。夏季高温时需放置于通风阴凉处，特别是要避免正午日照。寒冬季节应保持盆土干燥，减少浇水，环境温度保持在5℃以上。繁殖方式以扦插为主，剪下一小段插入土中即可，成功率极高。

玄月 /*Senecio herreianus*

菊科千里光属
原产地：纳米比亚　品种类型：冬型种

　　玄月与佛珠极相似，不过玄月的叶片似橄榄状，佛珠的叶片为圆球形。它们的叶片上都有一道狭长的透明线，仿佛是为叶片打开一扇小窗，以便其能进行光合作用，这其实是玄月为适应原生地恶劣生存环境的神奇进化结果。喜欢阳光充足、温暖通风的生长环境，生长迅速，叶片最大能长到2cm左右，玄月与佛珠生长习性相似，夏季高温时节与冬季寒冷时节的养护与佛珠一样。繁殖方式以扦插为主，剪下一小段插入土中即可，成功率极高。

紫玄月 /*Othonna capensis L.H.Bailey*

菊科千里光属
原产地：非洲南部　品种类型：冬型种

与玄月相比，紫玄月的叶片更为细长，在光线充足时叶片与茎会变为紫色，且这种紫色会因日照的充足与温差的增大更为明显。喜欢阳光充足、温暖通风的生长环境，生长期需给予充足水分，夏季高温时节需放于通风阴凉处，浇水时应注意避免根部积水，冬季需保持环境温度在5℃以上，花期为春、秋季，开黄色小花。繁殖方式以扦插为主，剪下一小段插入土中即可，成功率极高。

仙女杯 /*Dudleya brittonii*

仙女杯属
原产地：美国、墨西哥

叶片为剑形，叶尖和叶面有不太明显的凸痕，从叶尖一直连到基部，叶表有白色粉末，叶片有时呈现出微蓝色，呈莲座状密集排列，株径可以长得很大。粗壮矮小的茎，会随着生长而慢慢逐渐伸长。喜欢温暖干燥和阳光充足的环境，不耐寒，耐半阴和干旱，怕水湿和强光曝晒，夏季会休眠。日照充足时叶色才会艳丽，株型才会更紧实美观。日照太少则叶色浅，叶片排列松散，拉长。繁殖方式主要为播种与顶芽插，也可以取侧芽进行分株繁殖。

专题一 东云系

　　东云系是拟石莲花属的一大家族。东云的名字沿袭日本，日本的叫法为"東云"，因此，诸如冬云的叫法，其实是错误的。在拟石莲花属里，东云属于比较贵的品系。大多数东云品种喜欢阳光，不喜欢潮湿，栽种时宜用颗粒土作为植质。通常夏季生长。冬季进入休眠期，生长环境温度不宜低于5℃。东云有些品种颜色偏红，会开粉红色、橙色、或红色的花。东云分株较少，尤其是栽种二三年的小苗，叶插的成活率较低。本专题将介绍东云系的原始品种及一些主要衍生品种，供大家参考。

东云原始种 /*Echeveria agavoides*

原产地：墨西哥　品种类型：冬型种

　　东云叶片为三角形至卵形，叶尖锐利，叶缘圆润而透明，在阳光充足的环境下呈红色。花剑通常在花期从叶腋长出，花为总状花序，花冠呈近似圆锥体的瓮形。

魅惑之宵 /*Echeveria agavoides var. Corderoyi*

园艺品种　品种类型：冬型种

　　魅惑之宵是东云系里广为熟知的品种。叶片呈三角形，光滑厚实，排列密集紧实，在拟石莲花属里辨识度高。在寒凉时节阳光的持续照射下，叶缘会慢慢染上浓郁的大红色，美丽大气。喜欢阳光充足和通风干燥的环境，耐干旱，浇水时避免水分停留在叶面引起积水。夏季高温时节应放在通风阴凉处，控制浇水量，避免根部积水。冬季应保持盆土干燥，生长环境温度在0℃以上即可安全过冬。繁殖方式以叶插、播种、分株为主。

乌木/*Echeveria agavoides 'Ebony'*

园艺品种　品种类型：冬型种

东云系中最罕见的就是乌木，又叫黑檀汁。乌木是中大型园艺品种，叶片光滑，幅面较宽，叶缘发红或发紫，在强光照射下颜色看起来为乌紫色，叶片呈莲座状密集排列，叶色常年为灰绿色至白灰色，昼夜温差大或冬季低温时叶缘至叶尖会变为大紫红色或褐红色。多年群生后，植株会非常壮观，花为簇状花穗，微黄。乌木喜欢阳光充足和凉爽、干燥的环境，耐半阴，怕水涝，忌闷热潮湿。具有冷凉季节生长，夏季高温休眠的习性。繁殖方式一般是顶芽插和叶插，砍下来的顶芽可以直接扦插在干的颗粒土中，发根后就可以少量给水了。乌木的种子比较难获得。

Tips：纯乌木和乌木杂的区别

1. 纯乌木

纯乌木有四个特征，三个外观特征：玉底、黑边（有时候是紫红边）、颗粒纹。一个内在特征：霸气。

玉底：指植株叶片有一种玉的通透、晶莹的感觉。

黑边：叶片的黑边越黑越好，范围越大越好，黑与玉的分界越清晰越好，这是乌木的典型特征。

颗粒纹：乌木叶片的纹路显示为砂糖粒一样的晶体状叠列，无论植株大小，无论何时，这一特征都非常明显。

霸气：乌木有一种内在的霸气，这主要体现在其植株给人大而厚重的感觉上。

2. 乌木杂

乌木杂，即乌木与其他品种的杂交产物，相对于乌木来说价格会便宜很多。乌木杂一般会具有比较明显的乌木特征，但绝大多数会失去纯乌木内在的霸气之美。

纯乌木

乌木杂

玉珠东云 /*Echeveria cv. J.C. Van Keppel*

园艺品种　品种类型：冬型种

　　玉珠东云叶片短而肥厚，排列紧密，茎短。叶面光滑有蜡质感，植株常年翠绿，在光照充足、昼夜温差大的情况下叶片绿中透黄，叶尖发红。易群生。适合采用顶芽插进行繁殖。

玉杯东云 /*Echeveria x gilva 'Gilva'*

园艺品种　品种类型：冬型种

　　玉杯东云也叫冰莓冬云，叶片呈莲座状排列，叶缘发红。在昼夜温差大的情况下，叶片红边会变宽，还会出现果冻状态。喜光，生长季节可以放在光照充足的地方全日照养护，夏季温度达到35℃左右时就要适当遮阳通风。冬季可放在室内向阳处养护。生长季节保持盆土的湿润即可，一般是不干不浇，浇就应浇透。夏季应防止曝晒和长时间的淋雨，不要造成盆土积水，冬季温度低于5℃就要慢慢减少浇水。保持盆土的基本干燥即可安全过冬。繁殖方式一般采用扦插和分株的方式。

胜者骑兵 /*Echeveria 'Victor Reiter'*

园艺品种　品种类型：冬型种

　　胜者骑兵为拟石莲花属东云系相府莲与拟石莲花属爪系帕拉斯的杂交品种，又称新圣骑兵。是长叶系的东云品种，叶片肥厚狭长，呈莲座状分布，叶端有长而尖锐的红尖并略向植株中心弯曲，充分显露了东云系有红尖和爪系内勾的特点。新叶呈绿色，有红尖，易生侧芽，易群生。夏天基本不休眠。喜欢阳光充足的生长环境，光照充足时叶尖发红突出，叶面油亮。多晒、温差、控水可以让它的叶色更加艳丽，不容易徒长。

佛兰克 /E.agavoides Frank Reinelt

园艺品种　品种类型：冬型种

佛兰克，东云的杂交品种，是由韩国培育出来的东云系新品，因为数量稀少，所以价格相对比较贵。叶片不太红的时候有点像吉娃娃，出状态的时候非常美。浇水不用太频繁，土干再浇水。春、秋季适当多晒阳光。夏季少光照，不然容易死。

玛丽亚 /Echeveria agavoides 'Maria'

园艺品种　品种类型：冬型种

玛丽亚植株整体呈莲座状，叶片呈匙形，叶尖和叶缘呈现红色。喜欢温暖干燥、阳光充足的生长环境，耐半阴，怕水涝，忌闷热潮湿，具有冷凉季节生长，夏季高温休眠的习性。除夏季外生长期可以全日照养护。夏季浇水要避免盆土积水造成植株腐烂，要保持良好的通风。冬季温度低于5℃左右就要慢慢断水。尽可能选择疏松透气、排水性良好的介质进行栽培。繁殖方式一般采用叶插。

相府莲 /Echeveria agavoides var. prolifera

园艺品种　品种类型：冬型种

相府莲，是大型东云品种，成年后植株直径可以达到30cm以上，但是种在花盆里长不大。叶片多且拥挤，植株高度为10~12cm。开花时候，会长出3个以上的花序，每个花序会有15cm的长度，大约每个花序有八九个花头，花朵为红色。相府莲的叶片颜色丰富，有接近原始种的绿色的，也有红透的，要出状态还是靠少水和加强日照。

圣诞东云 /Echeveria agavoides christmas

原产地：墨西哥　品种类型：冬型种

　　圣诞东云属中大型多肉植物，单头植株直径可达10~15cm左右，叶片为梭形，中端较为宽厚，前端斜尖，叶片排列紧密呈莲花座状。叶缘圆润透明，在阳光充足的环境下呈红色。通常在花期叶腋处会同时长出2根总状花序。夏季不休眠，但生长缓慢，可少量给水，适当遮阴。春、夏季开花，花为倒钟形，花色为橙红色或粉红色。繁殖方式以扦插或分株为主。

如贝拉 /Echeveria agavoides Rubella

园艺品种　品种类型：冬型种

　　如贝拉是东云系品种之一，叶片和茎都属肉质化，株型呈现为由内中心向外发散生长的花朵形状，花序由顶端的叶片间长出，较长。夏季休眠不明显，生长缓慢，其间不能断水。生长期要适当控制浇水量和浇水次数。繁殖方式为叶插、插穗、分株和播种。

白蜡 /Echeveria agavoides 'Wax'

园艺品种　品种类型：冬型种

　　白蜡的茎短而粗，肉质叶呈莲座状排列并向外扩张，生长期叶片呈绿色或黄中带红，有时叶尖会呈现美丽的红色或黑色，在温差变化较大及光照增加的情况下，叶片可以变为红色。

专题二 多肉植物十二星座

星座系的多肉植物，株型都比较大，成株直径一般可达12cm以上，观赏性也比较强。

星座系多肉植物虽然价格不低，但养护都并不难，适合用平底的大盆进行浅植栽培。凉爽的春、秋季是其生长期，可尽量保持充足的光照，偶尔再施些长效肥。夏季高温时被迫休眠，要适度通风、遮阴、控水。冬季温度低于5℃就要逐渐断水，放在室内明亮的窗台处越冬，要防止霜冻。不过也可以在环境温度不是很低的情况下，尽量把皮实的植株放在室外养护，以提高它们的抗寒性，防止徒长。

麒麟座 /Echeveria Monocerotis

景天科拟石莲花属，白羊座的代表性多肉植物
白羊座出生日期为3月21日~4月19日

麒麟座，别名阿吉塔玫瑰，外形与大和锦有几分相似，叶片排列成莲座状，为三角锥形，叶缘上有红褐色的细线。叶片短而密，有红尖，叶色为藏青色，混有细小的斑点。麒麟座叶片肥厚，摘叶时生长点不容易被破坏。叶插的成功率非常高，适合叶插繁殖。

金牛座 /Echeveriataurus or Agavoides Romeo

景天科拟石莲花属，金牛座的代表性多肉植物
金牛座出生日期为4月20日~5月20日

金牛座，别名罗密欧，叶片肥厚，叶尖、叶面光滑有质感。植株常年为淡紫红色，在温差大、阳光充足的环境下呈紫红色或鲜红色，新叶为浅绿色。易群生，春、夏季开花，花为聚伞状圆锥花序，橙红色。喜欢温暖、干燥和阳光充足的环境，耐干旱，轻微耐寒，也可稍耐半阴。夏季高温时植株有短暂的休眠期，此时植株生长缓慢或完全停止生长，冬季如果最低温度不低于−2℃，则可正常浇水，使植株继续生长。夏季浇水千万不要浇到叶心，在太阳下山后浇水，不然容易烂。繁殖可以砍掉顶芽催生蘖芽或对侧芽进行分株的方式，也可叶插繁殖，不过叶插难度较高，发芽率低。

双子座 /*Echeveria pollux*

景天科拟石莲花属，双子座的代表性多肉植物
双子座出生日期5月21日～6月21日

双子座，叶片有点像露娜莲，但更宽，在星座系多肉植物中显得个性鲜明。为多年生肉质草本植物，中型品种。肉质叶排成紧密的莲座状。粉白色的叶片向内凹陷且有明显的波折，叶缘半透明，在强光下会呈现漂亮的淡粉红色。春、夏季开花，总状花序弯曲呈蝎尾状，小花钟形，赭红色。喜欢温暖、干燥和阳光充足的环境，耐干旱，不耐寒，稍耐半阴，无明显休眠期。春、秋两季为其生长季节，夏季需遮阴，冬季保持盆土稍干燥。通过顶芽插和叶插进行繁殖都比较容易。

巨蟹座 /*Echeveria Cancer*

景天科拟石莲花属，巨蟹座的代表性多肉植物
巨蟹座出生日期6月22日～7月22日

巨蟹座，叶片全部基生，排列成莲座状，为肉质叶，呈匙形或长倒卵形，叶端有小尖。光照充足的话叶端颜色会转变成红色。总状花序弯曲呈蝎尾状，小花钟形，赭红色。春、夏季开花。生长较为缓慢，喜欢温暖干燥和阳光充足的环境，耐旱，不耐水湿，无明显休眠期。繁殖方式以叶插和播种为主。

定规座 /*Echeveria norma*

景天科拟石莲花属，狮子座的代表性多肉植物
狮子座出生日期7月23日～8月22日

定规座，别名尺规座、矩尺座，长相有点像红爪、黑爪等以爪形为特征的多肉品种，爪尖颜色介于红爪和黑爪之间，叶片比其要宽。一年四季不管出不出状态差不多都一个样子。养护比较省心，砍下的顶芽在土上两周左右能抓牢土，易出花剑，并且一次容易长出多支花剑。

处女座 /*Echeveria spica*

景天科拟石莲花属，处女座的代表性多肉植物
处女座出生日期8月23日～9月22日

处女座，叶片偏棒状，肥厚，带粉。春秋季为生长期。生长期应注意通风，浇水时一定要注意，尽可能地避免将水浇到植株上，因为水滴会形成水渍很不美观，而且植株中心如果积水，有可能会腐烂。

武仙座 /*Echeveria hercules*

景天科拟石莲花属，天秤座的代表性多肉植物
天秤座出生日期9月23日～10月23日

武仙座，音译为海克力斯，意译为大力士，来源于希腊神话。外形和月光女神很相似，叶缘都是红色，但是武仙座的叶片更短一些。喜欢凉爽干燥、光照充足的生长环境，凉爽的春、秋季是生长期，这时可以全日照养护，夏季高温时被迫休眠，这时要适度通风遮阴。冬季温度低于5℃时就要逐渐断水。越冬时要防止霜冻。夏季要防止雨淋和积水。繁殖方式为砍下顶芽以爆出小芽或叶插。

天狼星 /*Echeveria agavoides sirius*

景天科拟石莲花属，天蝎座的代表性多肉植物
天蝎座出生日期10月24日～11月22日

天狼星，别名思锐、朱丽叶，中小型品种，叶片光滑，略呈椭圆形，密集排列成莲座状，先端尖。叶色常年灰绿色至白绿色，叶缘轻微发红，在强光照射下颜色看起来为艳红色。昼夜温差大或冬季低温时期叶缘至叶尖会少部分呈现艳红色。多年群生后，植株非常壮观。花为簇状花穗，微黄。喜欢阳光充足和凉爽、干燥的环境，耐半阴，怕水涝，忌闷热潮湿。具有冷凉季节生长，夏季高温休眠的习性。繁殖方式一般是砍下顶芽以爆出小芽和叶插，播种较慢。

猎户座 /*Echeveria orion*

景天科拟石莲花属，射手座的代表性多肉植物
射手座出生日期11月23日～12月21日

　　猎户座叶片偏蓝粉，叶缘稍通透，有清晰的明艳红边，叶表有一层淡淡的白色粉末，株型紧密整齐，整体感觉华美绚丽。喜欢阳光充足和通风干燥的环境，春、秋、冬季为生长旺季，也是状态最美的时候。夏季高温时避免正午太阳直射，应放在通风阴凉处，浇水时需防止根部和叶心积水。冬季保持盆土干燥，生长环境温度在0℃以上即可安全过冬。繁殖方式以叶插、侧芽插、播种为主，成功率极高。

山案座 /*Echeveria mensa*

景天科拟石莲花属，摩羯座的代表性多肉植物
魔羯座出生日期12月22日～1月19日

　　山案座，别名门萨、黑门萨。中小型品种。肉质叶排列成莲座状。叶片长梭形，微微向叶心弯曲，叶尖也往叶心弯曲。在光照强烈或温差大时，叶片会出现轻微的紫蓝色，非常漂亮。光照较弱时则叶色为微浅绿色，叶片拉长，颜色也较暗淡。叶面光滑，不容易积水。山案座只有在接受充足日照和大的温差较大时才会艳丽，株型才会更紧实美观。多年群生后，植株会非常壮观，特别是修剪过的多年老桩。花为簇状花序，倒钟花形。

　　喜欢阳光充足和凉爽、干燥的环境，耐半阴，怕水涝，忌闷热潮湿。具有冷凉季节生长，夏季高温休眠的习性。繁殖方式一般是顶芽插和侧芽插，也可以叶插和播种。

水瓶座 /*Echeveria Aquarius*

景天科拟石莲花属，水瓶座的代表性多肉植物
水瓶座出生日期1月20日～2月18日

水瓶座，中大型园艺品种，和高砂之翁长得比较像。水瓶座的茎部粗壮，会随着生长而逐渐伸长。叶片密集排列成莲座状，成株直径可达15cm以上。叶片为圆形，叶缘有小波浪状皱褶。叶色为翠绿至红褐色，新叶色浅、老叶色深。光照强烈与昼夜温差大或冬季低温期时叶色变为深红，光照较弱则叶色为浅蓝色。叶缘常会显现粉红色。叶面覆有微微的白色粉末，老叶上的白色粉末掉落后叶片呈光滑状。夏季开花，穗状花序长度可达20cm以上，开橘色钟形花。水瓶座非常好养，四季中除了夏季要注意适当遮阳外，其他季节都可以全日照养护。繁殖采用枝插法与叶插法，全年都可以进行。

此外，天鹤座也是水瓶座的代表性多肉植物。

雨燕座 /*Echeveria apus*

景天科拟石莲花属，双鱼座的代表性多肉植物
双鱼座出生日期2月19日～3月20日

雨燕座是较大型的石莲花品种，叶片细长，绿底红边，紧密排列成莲座状，因光照和养护环境不同，叶片颜色、状态会略有变化。春季开花，为钟形小花，黄色。雨燕座不难养护，选择疏松透气排水性良好的配土，生长季节土壤干透浇透，给予其尽可能多的光照，则红边会越发耀眼美丽，如果光照不足，则植株会变得黯淡。夏季应适当遮阴、控水。繁殖可选择叶插或枝插，叶插成功率很高，砍掉顶芽的植株也容易长出小芽。

专题三 多肉植物杂交公式

很多玩多肉的人会发现，现在很多漂亮的多肉植物品种是通过杂交得来的，多肉植物杂交后不仅带有原来品种的特点，而且自身经过变异后会变得更加珍贵和诱人。

对于景天科多肉植物来说，各属的属内品种，大多数可以进行杂交，很多常见的杂交品种是属内杂交的产物，如拟石莲花属内杂交的圣诞东云、红边月影、晚霞等。而在其他类别植物中并不常见的跨属杂交，在景天科植物中却大量存在，比如蒂亚（景天属与拟石莲花属杂交）。

一般杂交会比较复杂。因为现在景天有非常多的杂交品种，杂交后有可能会是单倍体，单倍体会显示出高度的不育性状。这样的景天就无法继续通过杂交获得后代。当然杂交过程其实也很简单。找两株都开花的不同品种景天科多肉植物，用毛笔轻点，将一株的花粉（父本）传递到另外一株的柱头（母本）上，然后等它出结果，果实成熟后采收种子即可。

奥普琳娜 /*Graptoveria Opalina*

风车草属与拟石莲花属杂交
园艺品种 品种类型：冬型种

奥普琳娜是风车草属与拟石莲花属的杂交品种，其特点更偏向风车草属一些，叶片肥厚顾长，在春、秋、冬季光照下色泽会渐渐呈现浅朱红色，而新叶却为白色，隐隐带一点嫩绿色，此时最为艳丽。喜欢阳光充足、温暖干燥的生长环境，生长迅速，夏季高温和冬季寒冷季节会短暂休眠，夏季应避免正午阳光直射，放于通风阴凉处，减少浇水，保持土壤干燥，冬季环境温度保持在0℃以上即可安全过冬。繁殖方式以分株、叶插为主，成功率高。

黛比 /*Graptoveria deby*

风车草属与拟石莲花属杂交
园艺品种 品种类型：冬型种

黛比也是一种属间杂交种，叶片为全紫红色，排列成莲座状，表面有一层淡淡的白色粉末，在春、秋、冬季的冷凉时节状态最佳。喜欢阳光充足、温暖干燥的生长环境，易生侧芽。夏季高温和冬季寒冷时会短暂休眠，夏季应避免正午阳光直射，放于通风阴凉处，减少浇水，保持土壤干燥，冬季环境温度保持在0℃以上即可安全过冬。繁殖方式以分株、叶插为主，成功率高。

白牡丹 /*Graptoveria Titubans*

风车草属与拟石莲花属的杂交品种
园艺品种　品种类型：夏型种

白牡丹生命力强健，几乎全年都在生长，没有明显的休眠期，且生长迅速。它的株型美丽，非常适合单独栽培和搭配造景。全年几乎都是白色，叶面有薄薄的白色粉末，在充足的日照下叶缘也会呈现淡淡的粉色。需要注意的是，生长季节如果缺少光照和浇水太多会让它的茎干变长，叶片之间的间距变大。当然，如果出现这种情况，可加大日照，减少水分补给，作为老桩培养。繁殖方式以叶插为主，非常容易成功。

密叶莲 /*Sedeveria Darley Dale*

风车草属与拟石莲花属杂交
园艺品种　品种类型：冬型种

密叶莲，又称达利，达利是其音译名。密叶莲单头个头不大，直径为3~5cm，最大可达8cm，容易群生，叶片细长，前段斜尖，密集环生于枝干上。在一定的温差和光照下，叶缘容易泛红，叶片也会泛橙，非常动人。春末开花，小花，钟形，白色。冬季可耐0℃左右的低温，温度再低时应搬进室内，注意保温。夏季休眠不明显，适当遮阴则度夏不难。繁殖方式可考虑叶插或枝插，叶插应选择较肥厚健康的叶片，枝插可选择其侧芽，繁殖以春、秋季为佳。

红宝石 /*Sedeveria pink ruby*

拟石莲花属和景天属杂交
园艺品种　品种类型：冬型种

红宝石，小型多肉品种，叶片细长呈匙形，前端较肥厚、斜尖，非常光滑，紧密排列成莲花状。叶片夏季会变绿，而秋、冬季会变成红色，远看如一块绚丽的红宝石。通过控水、给予光照，可以让红宝石的叶色更红，更加美丽，昼夜温差大时也能有如此效果。繁殖方式主要为侧芽插，叶插也可。

秋丽 /*Graptosedum 'Francesco Baldi'*

风车草属与景天属的杂交
园艺品种　品种类型：夏型种

秋丽，叶片较细长，正面平滑微微下凹，顶端稍尖，整体仍较圆润，叶片轮生呈莲座状。生长速度相对较快，下部叶片容易枯萎掉落，易萌生侧芽，形成群生。春季开花，花为聚伞花序，黄色星形小花。喜欢通风和阳光充足的环境，在昼夜温差大、阳光充足的环境下株型紧凑，叶片饱满，呈现出粉、紫、红、橙、黄等多种颜色的结合和晕染。繁殖方式以分株、叶插为主，也可用砍下顶芽催生蘖芽，繁殖成功率很高。

蒂亚 /*Sedeveria Letizia*

景天属与拟石莲花属杂交
园艺品种　品种类型：冬型种

蒂亚，也叫绿焰，叶片短、尖头，呈倒卵状楔形，叶片排列如莲座状，常绿，在昼夜温差较大或冬季阳光充足的情况下，叶片会呈现红色。春季开花，花为钟形小花，白色。喜欢温暖、干燥、通风和阳光充足的环境，耐旱、耐寒、耐阴，适应性强，但不耐烈日曝晒。无明显的休眠期。春秋两季是蒂亚的主要生长期，此时可充分浇水。夏季高温时应注意遮阴，并少量浇水，加强通风。繁殖方式可砍下顶芽催生蘖芽，也可叶插，成功率较高。

格林 /*Graptoveria cv. A Grin One*

风车草属和拟石莲花属杂交
园艺品种　品种类型：冬型种

格林属大型多肉品种，叶厚，长匙型，顶端急尖，叶表有白色粉末，叶色为粉蓝至粉绿色，叶缘易红，肉质叶互生，排列成莲花状，易群生。春季开花，花为钟形，黄色。喜欢温暖、干燥和阳光充足的环境，耐旱，忌盆土长期潮湿，生长适宜温度为0℃~25℃。夏季应避免曝晒，冬季可以在室内温暖向阳处养护。繁殖方式以叶插为主，也可剪取其萌生的侧芽进行扦插，繁殖相对容易。

银星 /*Graptoveria 'Silver Star*

风车草属和石莲花属杂交
园艺品种　品种类型：冬型种

　　银星叶片为长卵形，叶面为青绿色略带红褐色，有光泽，叶尖非常特殊，有1cm长，为褐色，叶片排列成莲座状，老株易丛生。春季开花，从莲座状叶盘中心抽出花剑，开花后叶盘逐渐枯萎死亡。为保持植株的正常生长，当长出花剑时，要及时剪除。喜欢温暖干燥和阳光充足、通风良好的环境。不耐烈日曝晒、不耐寒，耐干旱和半阴，忌水湿。繁殖方式以扦插为主，全年均可进行，以春、秋季为佳。

奥利维亚 /*Echeveria Olivia*

景天属与风车草属杂交
园艺品种　品种类型：冬型种

　　奥利维亚由韩国培育进口。生长期时叶片为绿色，有红尖，容易养出多头和老桩。通过控水和给予充分日照，可达到叶片包紧，短密的效果。茎杆、老叶子枯萎的地方容易冒出新芽。在秋、冬季节昼夜温差加大的情况下，叶片会展现出偏黄的果冻色。繁殖方式以叶插、枝插为主。

马库斯 /*Sedeveria Markus*

拟石莲花属与景天属杂交
园艺品种

　　马库斯为属间杂交品种，叶片为长匙形，前段斜尖，容易泛红，叶片正面平滑，叶背如船状凸起，叶色多为绿色、黄绿色或橙黄、粉红色。叶片紧密排列呈莲花座状。马库斯习性较强健，生长较快，容易长侧芽，形成多头老桩。夏季注意适当遮阴、通风、控水，则容易度夏。光照越好，株型越紧凑，颜色也会更漂亮。浇水可干透浇透。繁殖方式主要为顶芽插，小芽切下来也容易培植。

多肉杂交公式

静夜杂交公式

静夜×胧月=白牡丹

静夜×大合锦=苯巴蒂斯

静夜×花月夜=月光女神

静夜×丽娜莲=露娜莲

静夜×雪莲=静夜雪莲

静夜×鲁氏=克拉拉

静夜×菊日和=玛格丽特

静夜×特玉莲=爱尔兰薄荷

静夜×花司=戴伦

广寒宫杂交公式

广寒宫×沙维娜=晨光

广寒宫×沙维娜=晨星

广寒宫×沙维娜=晚霞

广寒宫×鲁氏=多明戈

广寒宫×鲁氏=赫斯塔

广寒宫×多明戈=星期天

广寒宫×皮氏=蓝鸟

广寒宫×星美人=霜之朝

广寒宫×古紫=Echeveria Phyllis Collis

广寒宫 ×E. lyonsii=吕西亚

广寒宫 × E. craigiana =Echeveria Candise

广寒宫×刚叶莲=参宿

广寒宫×月影= Echeveria Lucita

皮氏×广寒宫=Echeveria Susetta

沙维娜×广寒宫=Pinky

大和锦杂交公式

大和锦×桃之卵=葡萄

大和锦×静夜=法比奥拉

大和锦×E."Big Red"★=央金

大和锦× E. atropurpurea=酒神

大和锦（杂）×晚霞=赫拉

雪莲杂交公式

雪莲×卡罗拉=梦露

雪莲×特玉莲=特玉雪莲

钢叶莲×雪莲=Echeveria Suleika

蓝宝石×雪莲的杂交 =凌波仙子026

卡罗拉×雪莲=芙蓉雪莲

其他杂交公式

月影×粉彩莲=紫珍珠

月影×静夜=月静

锦晃星×锦司晃=白闪冠

锦晃星×大和锦=红蝎子/毛大和

花月夜×罗西玛B=弗朗明戈

花月夜×厚叶月影=月亮仙子

花月夜×大和锦=猎户座

玉蝶×姬莲=娜娜胡可

黑爪×姬莲=野蔷薇精灵

小和锦×姬莲=皇冠

姬莲×蓝石莲=蓝姬莲

古紫×沙维娜=黑王子

紫珍珠×紫珍珠=紫珍珠之子

*注：标注为罗马名的品种暂无中文译名

专题四 多肉植物欣赏

由于本书篇幅有限，很多多肉植物品种并不能一一介绍，本专题选取一些热门的多肉植物品种图片，供大家欣赏。

蓝石莲　　　　　　　　雨滴　　　　　　　　　爱思诺

表丽娜　　　　　　　　砂糖　　　　　　　　　毛海星

灯美人　　　　　　　　滇石莲　　　　　　　　晨美人

迈达斯国王　　　　　　橙梦露　　　　　　　　昂斯诺

宝丽安娜

蓝粉台阁

小红衣

婴儿手指

原始绿爪

不死鸟锦

孔雀莲

彩虹糖

墨西哥巨人

初霜

Sunday

绮罗

第五章　打造趣味十足的多肉组合

1. 趣味组合，玩转多肉

　　多肉植物小盆景起源于中国台湾，在日本、德国流行起来，目前这两个国家的多肉植物盆景在国际上都比较有名，并逐渐形成了盆景新流派。日本玩家比较喜欢像十二卷这类品种的组合，而德国玩家比较喜欢番杏科中生石花、肉锥花等品种的组合。中国台湾和韩国玩家则比较喜欢景天科多肉植物的组合，色彩更加绚烂。

　　多肉植物组合是当下最时尚的家居装饰和送礼佳品。目前比较流行的是多肉植物拼盘，DIY创意多肉礼盒，多肉植物花束，及多肉植物家居创意设计等，盆景设计则主打微型盆景。我们介绍一下目前比较流行的多肉植物盆景组合方式吧。

（下组图）小创意

① 多肉植物拼盘

（上图）多肉组合

多肉植物拼盘逐渐成为办公场所和家居装饰中的常见点缀，尤其受到上班族的追捧，同时，多肉植物拼盘DIY的流行，让一些喜欢动手做盆景的花友找到了新的乐趣和展示自己独特审美的方式。

多肉植物拼盘最大的优点就是好打理，可以随意组合。只要把习性相近的植物种在一起，搭配一下色彩和高低层次就行。有的玩家喜欢选用白瓷盆作器皿，有些玩家喜欢用透明的玻璃器皿，还有一些玩家比较钟情于陶罐或陶土盆，无论使用哪种器皿，只要养护得好，都能显现出独特的韵味。关于组合品种的选择，我们可以随意组合多肉植物品种分层次地种上，也可以采用同一色系但不同品种的多肉植物进行组合，当然也可以将多株同一品种的多肉植物做成盆景。当然也可以选择更生活化的物品作器皿来进行组合，或者用适合种植的艺术品来做造景。总之，选择不同的器皿和不同的多肉植物品种组合会呈现出不同感觉，或美，或萌，或超然，或中规中矩。

（上图及右下图）多肉礼盒

② DIY创意多肉礼盒

现在，多肉礼盒比较受白领的喜欢。采用礼盒的方式，在其中搭配个性化的多肉组合，样式多样，色彩各异，特别美观。有兴趣的玩家，还可以自己DIY，创造跟自己心情符合的多肉礼盒。一些多肉植物商家会出售摆满各种多肉植物的方形木盒，有些商家还会教客人DIY多肉礼盒。

③ 多肉植物花束

不是只有传统花卉可以做成花束，多肉植物也可以做成花束，其美观程度，不亚于鲜花花束。将多肉植物扎成花束，或与鲜花组合在一起扎成花束，精致美观，可赠送爱人或朋友。现在还兴起了多肉植物婚礼花束，既有创意，又饱含幸福感。

（上图）多肉花束

④ 多肉植物家居创意设计

近年来，多肉植物逐渐走进我们的生活，与家居设计也有了联系。特别是在日本，多肉植物盆栽在家具装饰中的应用已经非常普遍，成为了适应现代人们居家生活的新的植物盆栽种类。而且有一些不错的品牌还逐渐建立起自己的设计与艺术理念，他们会精心地挑选、栽培多肉植物采用漂亮的花器让多肉植物的展现形式更加丰富，颇有情趣。

多肉植物家居创意设计追求植物独特的个性美，通过艺术手法与花器搭配，呈现出植物最美的样子。它讲究与所处环境的融合，不单单是简单的盆景或点缀，更是家居设计中的一种创意升华，植物与最能衬托其气质的搭配器物形成的组合体，让家居设计更有意境。

（上图）多肉家居组合

2. 组合也要讲技巧

多肉植物的组合设计，主要是根据植物的不同形态与颜色搭配不同的花器，呈现出不同的造型，以表达一种心情，或是展示一种格调。组合多肉植物有一定的随意性，特别是DIY组合，但总体来说也要遵循一定的原则与规律，才能在创造美的基础上延续美。

（下图）仿真多肉小组合

① 生长习性相似原则

每种多肉植物都有自己的生长习性，即多肉植物在生长过程中对环境条件的要求。按照多肉植物的生长习性进行组合搭配，是多肉组合设计的基本原则。把生长习性相同或相似的多肉植物组合在一起才能让植物生长良好，有利于后期的照顾和打理。所以，在进行多肉植物组合设计时，首先要弄清楚所用的多肉植物是喜光还是喜阴、喜温还是喜凉、喜肥还是耐瘠。所以，为了保证多肉组合有长期的观赏效果，必须考虑多肉植物的生长习性，将对光照、温度、水分、养分等要求相近或相似的多肉植物组合在一起。

② 株型、株高搭配原则

在进行多肉植物组合时，应考虑挑选不同株型、株高的植物进行搭配，并结合所选的花器与栽培介质进行设计，注意突出重点，合理分布。通过选取不通株型、株高的多肉植物进行搭配，能够使组合看起来更有层次。

（上图）多肉生活小组合

③ 色彩搭配原则

多肉植物的色彩较为丰富，不同的品种、同一品种在不同时期都可能呈现出不同的颜色。多肉植物的组合设计要巧妙运用植物自身的色彩与色彩变化，来搭配出不同风格的微观风景。在颜色搭配上一般采用互补色、近似色、单色、暖色或冷色的色彩搭配方法。在考虑色彩搭配的时候，首先要确定自己需要什么样的搭配效果。譬如，如果想要一盆色彩丰富的植物，就可以先选择一种色彩作为主体色，然后用其他色彩进行衬托，一般来说，多肉组合色彩不宜过多，以2~4种为宜，当然如果需要营造出色彩斑斓的视觉效果，也可多选一些色彩。另外，进行多肉植物组合设计还要考虑多肉组合的色彩与周围环境的色彩相协调。

（上图）多肉设计美图

④ 可适当留有空隙

多肉组合一般都很饱满，不会留下空隙，当然刻意留空的情况除外。一般情况下，出现空隙可能是因为所选植物数量不够或局部长势不好。其实在大多数情况下，适当的留空隙不会对组合造成太大的影响，但是你如果觉得不美观，可以在空隙处放一些小饰品，如小动物、小房子等，或是放几颗有特色的石头，这样不仅能填补空白，更还能让植物组合更有意境。

3. 一学就会DIY

实例一　春色满瓶　设计:林间花园 微信:GG-Bonf-feng

材料 混合土、珍珠岩　　**工具** 镊子、吹气球、喷壶
多肉植物种类 乙女心、吉娃莲、姬胧月、黄金万年草、金枝玉叶、菲欧娜、蓝石莲

1 准备好用于组合的多肉植物。

2 准备用于种植多肉植物的瓶形花器。

3 在花器中倒入混合土至八分满后，加珍珠岩铺面。

4 用镊子将多肉植物种入花器中。

5 在花器中上逐一种入各自多肉植物，并轻轻压实珍珠岩。

6 用小喷壶喷水，再用吹气球把叶片上多余的水珠吹走。

实例二　多肉画框

设计:迷踪多肉　微信:luzi632285

材料 干苔草　　**工具** 镊子、水盆

多肉植物种类 乙女心、火祭、特玉莲、初恋、绿珊瑚、红卷绢、佛珠、白牡丹、江户紫、金钱木、姬胧月、吉娃莲、蓝石莲、雅乐之舞、玉蝶、黄丽、紫珍珠

⑴ 准备好用于组合的多肉植物。

⑵ 准备用于种植多肉植物的木框和干苔。

⑶ 将干苔用水浸透泡开后，用手微微拧干。

⑷ 将泡开的水苔慢慢填充进木框中，尽量平整。

⑸ 用镊子将多肉植物植按设计好的顺序种入木框中。

⑹ 将多肉植物种满木框，用水苔填补空隙，组合完成。

实例三　多肉爱丽丝拼盘

设计:植物记 微信:aiding777

材料 混合土、陶粒、珍珠岩　　**工具** 镊子、桶铲

多肉植物种类 姬秋丽、黄丽、霜之朝、虹之玉、虹之玉锦、红粉佳人、丽娜莲、巧克力方砖等

1 准备好用于组合的多肉植物。

2 准备用于种植多肉植物的水龙头造型盆器和混合土、陶粒、珍珠岩。

3 在盆器底部倒入陶粒。

4 在盆器中倒入混合土至八分满后，加珍珠岩铺面。

5 用镊子将多肉植物植入盆器中。

6 将多肉植物填满整个盆器，其他组合参照以上步骤完成。

实例四　日式和风石器拼盘

材料 混合土、珍珠岩、小石块、碎木条　　**工具** 迷你三件套（铁铲、铁锹、耙子）、铲土勺

多肉植物种类 玉点东云、树冰、特玉莲、鲁氏石莲花、蓝石莲、赤鬼城、银星、虹之玉等

1 准备好用于组合的多肉植物、工具及石器盆等。

2 在石器盆中倒入混合土至八分满。

3 将多肉植物种入石器盆中。

4 加入小石块、碎木条布景。

5 再逐一将多肉植物填满石器盆。

6 用珍珠岩填补空隙，组合完成。

实例五 多肉花环

设计:甜甜多肉屋 微信:qq785826684

材料 混合土   **工具** 镊子、小铁锹、吹气球 、桶铲、手套、喷壶

多肉植物种类 丽娜莲、观音莲、蓝石莲、红粉佳人、虹之玉、乙女心、吉娃莲、黄丽、火祭、黛比、女雏、酥皮鸭、天使之泪、黄金万年草、晚霞之舞、新玉缀、虹之玉锦、劳尔、姬胧月

① 准备好用于组合的多肉植物、工具及花环容器等。

② 在花环容器里装入适量的混合土。

③ 用小铁锹将多肉植物种入花环容器中。

④ 将主要的多肉植物围圈种植上去。

⑤ 在空隙处补种植一些小型的多肉植物。

⑥ 布局完成后，浇水，并用吹气球把叶片上多余的水珠吹走。

附录

营养器官：植物的营养器官通常指植物的根、茎、叶等器官，它的基本功能是维持植物生命，这些功用抱括了如：光合作用等。

生殖器官：植物的生殖器官常指植物的花、果实、种子等。

野生种：通常指从大自然中获得的个体，也就是非人工诱变的，作为野生种，那么它所携带的就是野生种的基因组。

霉变 霉变是一种常见的自然现象，多肉植物在受潮后水分活度值升高，霉菌和虫卵就会吸收其中的水分进而分解、发霉。

修根：对多肉植物的根系进行修剪，多肉植物生长一段时间后（约1~2年），会有部分根系坏死，所以才需要通过翻盆来清理这些死去的根系，并进行修剪。

晾根：将多肉植物根部朝上翻过来，放置在没有阳光直射的散光区域，2~3天，根据天气及室内环境情况有可能会延长2天，将多肉植物晾干。

板结：指土壤因缺乏有机质，在降雨或灌水后变硬结块。

根系：是一株植物全部根的总称。根系有直根系和须根系两大类。

全日照：指植物能整天接受阳光进行光合作用。

半日照：指植物只能在白天接受光照，晚上进行全呼吸作用。

徒长：指的是多肉植物因生活条件不协调而产生的茎叶发育过旺的现象。

缓释颗粒肥：指化学物质养份释放速率远小于速溶性肥料施入土壤后转变为植物有效态养份的颗粒状肥料。

液态肥：就是含有各种营养成分的溶液，一般用做叶面肥等。就是将含有各种金属离子的化学物质溶解在水里，再加入尿素等常用肥料即可。

饼肥：饼肥是油料的种子经榨油后剩下的残渣，这些残渣可直接作肥料施用，是含氮量比较多的有机肥料。

厨余酵素：是发酵过程的一种，是对混合了糖和水的厨余（鲜垃圾）经厌氧发酵后产生的棕色液体的通俗称法。

生长季：在温度和光照湿度都适合植物生长的时候，就是植物的生长季。

休眠季：在季节性的不良气候时期，植物的整体或某一部分生长暂时停顿的季节。

露养：把植物放在室外，不管风吹日晒，由其自然生长，一般用在多肉植物上。

原始种：指从大自然中获得的，未经人工培育的植物品种。

园艺种：是通过园艺方法培育出来的植物品种。

叶脉：叶片上可见的脉纹。由贯穿在叶肉内的维管束或维管束及其外围的机械组织组成。为叶的输导组织与支持结构。

侧芽：向茎轴的侧面发生分枝的芽的总称，为顶芽的对应词。

株型：株型一般分为叶型、茎型、穗型和根型等。

苗期：育苗一般要在特定的环境中，一般是在温度、湿度相对稳定的环境中，这时就是苗期。定植出去后就不叫苗期了。

透明度：即透光的程度，一般指多肉植物的晶莹剔透的程度。

叶形：叶形就是叶子的形状，也就是叶片的轮廓。叶形也是植物分类的重要根据之一。
窗面

锦：常被称为"锦斑"，属于植物颜色上的一种变异现象。而出锦，多指多肉植物由纯绿色变异为黄斑、黄线、银斑、银线等色彩种类的新种。

叶绿素：是一类与光合作用有关的最重要的色素。叶绿素从光中吸收能量，然后能量被用来将二氧化碳转变为碳水化合物。

主根：一株植物全部根的总称。种子萌发后，由胚根发育的根，称为主根。

组织培养（组培）：指用植物各部分组织，如形成层、薄壁组织、叶肉组织、胚乳等进行培养获得再生植株，也指在培养过程中从各器官上产生愈伤组织的培养，愈伤组织再经过再分化形成再生植物。

植物细胞全能性：植物的每个细胞都包含着该物种的全部遗传信息，从而具备发育成完整植株的遗传能力。

无性繁殖：是指不经生殖细胞结合的受精过程，由母体的一部分直接产生子代的繁殖方法。

基因：是遗传的基本单元，是DNA或RNA分子上具有遗传信息的特定核苷酸序列。通过复制把遗传信息传递给下一代，使后代出现与亲代相似的性状。

性状表现：指由基因所决定的性状作为表型而显示出来。也称为表型表达或遗传信息表达。

实生苗：是直接由种子繁殖的苗木。它包括播种苗、野生实生苗以及用上述两种苗木经移植的移植苗等。由种子繁殖得到的苗株，有别于无性繁殖得到的扦插苗、嫁接苗等。

植料：就是培养基，通俗的说就是种植植物的盆土。

腐殖质：指"土壤腐殖质"，土壤有机质的主要部分，是黑色的无定形的有机胶体。在土壤中，一定条件下缓慢地分解，释放出以氮和硫为主的养分来供给植物吸收，同时放出二氧化碳加强植物的光合作用。

植物分类学：是一门主要研究整个植物界的不同类群的起源，亲缘关系，以及进化发展规律的一门基础学科。也就是把纷繁复杂的植物界分门别类一直鉴别到种，并按系统排列起来，以便于人们认识和利用植物。

冬型种：是指冬天照常生长，夏天有休眠的一类多肉植物，常见有 玉椿，绿塔，都星，吕千绘，星乙女，龙宫城，丽雀等。

夏型种：是指夏天照常生长，冬天有休眠的一类多肉植物，，常见有若绿，神刀，花月，火祭，青锁龙，落日之雁等。

分株：将植物的根、茎基部长出的小分枝与母株相连的地方切断，然后分别栽植，使之长成独立的新植株的繁殖方法。此法简单易行，成活快，可广泛应用。

扦插：也称插条，是一种培育植物的常用繁殖方法。可以剪取植物的茎、叶、根、芽等（在园艺上称插穗），或插入土中、沙中，或浸泡在水中，等到生根后就可栽种，使之成为独立的新植株。

叶插：从叶柄把叶片或叶片的一部分进行扦插，俗称为叶插。从带有腋芽的叶柄基部切取母本进行扦插，称为叶芽扦插。

母株：母本植物则为母株。

蘖芽：草木萌生的新芽。

缀化：是指花卉中常见的畸形变异现象，属于植物形态的一种变异现象。缀化变异是指某些品种的多肉植物受到不明原因的外界刺激（浇水、日照、温度、药物、气候突变等），其顶端的生长锥异常分生、加倍，而形成许多小的生长点，而这些生长点横向发展连成一条线，最终长成扁平的扇形或鸡冠形带状体。

群生：常指植物主体由多个生长点，生长出新的分枝与侧芽，并且共同生长在一起的状态。

老桩：生长多年，拥有较多的木质化枝干的植株。

花箭：从叶片中生长出长长的花茎，多肉植物景天类常是这种开花形式。

砍头：一种修剪方式的通俗叫法，指用剪刀将多肉植物顶部剪掉。

组合、混养、寄植：将不同品种的多肉植物种植在一起。

室内养护：将大植物放置于室内进行养护。

户外栽培：将大植物放置于室外进行栽培。

对生：为叶序形式之一，指每个节上着生两片叶的叶序。

草本植物：是一类植物的总称，与草本植物相对应的概念是木本植物，人们通常将草本植物称作"草"，而将木本植物称为"树"。

微型盆景：微型盆景以花草为主，缀以山石等小件配置而成。微型盆景着重于形态小巧，造型玲珑别致，更注重整体艺术美的内涵。

检索